U0254992

作家出版社

前言

所谓节气，节，乃时节；气，乃气候。

古时的黄河流域，是我国传统文明的中心地带。形成于春秋战国时期的二十四节气，就是勤劳而智慧的古人在经年累月的摸索后，上依天文、下依此地区一整年的物候特征而建立的。

东周时民间已有日南至、日北至之说；战国晚期的《吕氏春秋》中，有立春、春分、立夏、夏至、立秋、秋分、立冬、冬至等重要节气；至西汉的《淮南子》，二十四节气名称全部出现。公元前104年，古籍《太初历》正式把二十四节气订于历法。

二十四节气既反映四季变换，又适应农事活动，与人们的衣食住行息息相关。

民间流传着多种版本的《二十四节气歌》，其一如下：

立春阳气转，雨水沿河边。惊蛰乌鸦叫，春分地皮干。清明忙种麦，谷雨种大田。立夏鹅毛住，小满雀来全。芒种开了铲，夏至不拿棉。小暑不算热，大暑三伏天。立秋忙打靛，处暑动刀镰。白露忙割地，秋分无生田。寒露不算冷，霜降变了天。立冬先封天，小雪河封严。大雪交冬月，冬至数九天。小寒忙买办，大寒要过年。

二十四节气，背朝天，任世间风云转变；面朝黄土，便贴近大地与苍生。

目　录

春

夏

秋

冬

春

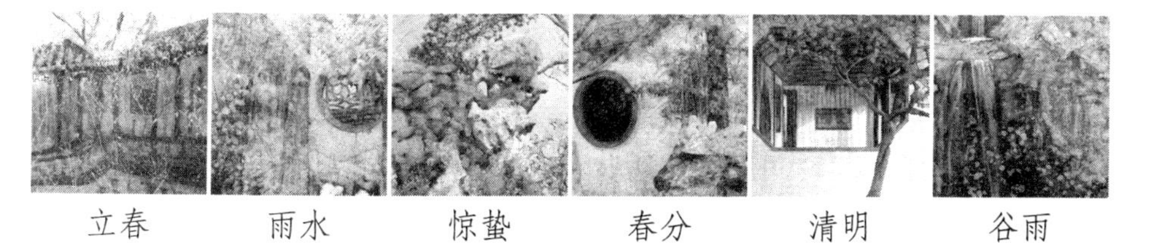

立春　雨水　惊蛰　春分　清明　谷雨

立春

时间：公历2月4日或5日。

寓意：立，始建也。春气始而建立也。

●来历

一天之计在于晨，一年之计在于春。

"立春"是二十四节气中的第一个节气，从充满活力的春天出发，这个头开得真好。

自己不停地转，还逼着地球围着它转的太阳公公，按天文学来说，在这一天来到了它黄道上的第一站：黄经315°。

我们的祖先早就发现了太阳位置的变化对气候与农事有着密切的影响。二十四节气就是利用历法中的天文现象，将太阳途经的黄道圆周分成二十四分，每运行15°为一节气。

好的，我们这就出发吧！

俗话说：打春阳气转。冷酷的冬天慢慢过去，日照增加，天气转暖了！

直到下一个节气来临之前的十五天，都属于立春的范围。根据气候变化，这十五天又按每五天为一候，分成三候。

一候东风解冻，二候蛰虫始振，三候鱼陟负冰。

头五天，大地解冻，东风送暖；再五天，蛰伏了一冬的生灵渐渐苏醒；最后五天，河水融化，鱼儿开始兴奋地游动。

我国古老传统中除二十四节气之外，还有二十四风，亦叫花信风。因应花期而得名，意指带有花开音讯的风候。这二十四风候按一个节气三候的特征，分布在从小寒开始的八个节气中，由小寒经大寒、立春、雨水、惊蛰、春分、清明，至谷雨为终。

立春时的花信风候是：一候迎春，二候樱桃，三候望春。

一候时看到迎春花开放，你的心里也会充满着对春天的憧憬吧？经过二候时的樱桃，到了三候望春时，春天已经变得触手可及了。

谚语说：打春别欢喜，还有四十天冷天气。这是乍暖还寒的转折处，春天虽然已见前奏，却还在赶来的路上。

数千年来，中华民族的重心，一直在黄河与长江流域。古老的二十四节气，主要根据黄河中下游地区的天气变化与农作物生长流传而来。华夏这么大，相隔遥远的地方连时差都存在，更别提气候上的偏差了。

不过，被严寒禁锢了一季，闻到春天讯息的人们可顾不得这些了。他们欢欣鼓舞、迫不及待地走出家门，用各种各样的方式迎接春天的到来。

● 风俗

官方活动

俗语说得好：立春雨水到，早起晚睡觉。俗语还说：立春一年端，种地早盘算。

此时，最忙碌的，当然是辛勤的农民伯伯；最要紧的事情，当然是开始耕耘播种。实际上，不仅农民忙，连不事生产的皇帝大臣们，也跟着忙得不亦乐乎。

早在周朝，就有了很官方、很权威的纪念活动。

立春前三日，周天子便开始斋戒。为了迎接春天，他要进行非常虔诚的、附加效果中包括减肥的素食运动。等到立春这一天，皇帝亲自带着众位大臣，在东郊外举办隆重的活动，祭拜传统春神，祈祷这一年大丰收。这位春神可不是我们熟悉的春姑娘，而是一位鸟身人面、生活在东方，兼管农事的芒神。

随着时代变迁，到了宋代皇帝们就不再到郊外了。他们把迎接立春的活动改在了宫廷里。大臣们纷纷前来朝贺，无论平日关系如何，此刻都张口闭口地说着拜年话，其乐融融。

皇帝大臣们这么虔诚，当然有原因，民以食为天，粮食又依赖天气，只有企盼风调雨顺，国库中的粮食才能堆成山啊。

朝廷的祭祀显然起了带头作用，民间的活动也煞是热闹。到了清代，迎春仪式逐渐变成了更加浩大的、全民参与的国家节日。

迎春

为了喜迎春天，在立春正式到来的前一天，要进行类似于彩排的演春，也叫“迎春”。

活动要设立类似于主持人的专职春官。有些出人意料的是，据说担任此角色最多的人，是乞丐。这位春官当然不能只顾着出风头，他最重要的任务，是负责预报立春之时。

各地迎春的活动也各有特色。

江南浙江一带在迎春这天，人们会抬着芒神到郊外，一路吹

迎春

选自《清俗纪闻》，中川忠英辑，石崎融思绘。

吹打打、唱地方戏、跳秧歌，热闹非凡。等到回城的时候，人们争相往芒神身上投掷五谷，以祈祷丰收。

而山东一带更有趣，芒神穿的衣服，就是活生生的天气预报！

芒神戴着帽子，则预示春天温暖，大家不用戴帽子了；他光着脑袋，则预示这个春天仍会很冷，大家不要摘帽子；他穿着鞋子，则预示春雨连绵，大家需要戴草帽；他如果光着脚，则要做好抗旱的准备喽。至于大家的草帽？还接着戴吧，防晒。

打春

立春，也叫打春。俗话说：春打六九头。

有少数地区，生活拮据的人，专门在这一天敲起小锣，唱着歌，走街串巷来找人家施舍。不过这种风俗渐渐不为人知了。

迎接打春的活动中，最有意思的，应该是鞭春牛。

不用担心，这可不是虐待动物，而是鞭打用泥做成的土牛。鞭打土牛，充满了欢笑与吉祥气息，寄托着百姓们期盼一年风调雨顺、耕种顺利的纯朴愿望。据说妇女们如果抱着小孩绕着土牛走三圈，可以避免孩子生病。这当然只是一种美好的愿望了，抱着孩子走三圈是祈福，祈祷孩子健康成长。

在一名德高望重的长者，象征性地打几下土牛后，翘首以待的村民们纷纷上前，打得欢腾、打得喜庆！最后土牛被打碎，人们兴高采烈地抢上几块泥土，赶紧放在自己家的田地里。有的地方干脆事先将五谷粮食放在土牛腹中，待人们打碎它，就将抢到

鞭春牛

选自《清俗纪闻》，中川忠英辑，石崎融思绘。

的谷粒放回自己家的粮仓里。

当然，进行完这些活动后，回到家的村民们，最要紧的还是该想想怎么科学种田的事儿。

咬春

立春不仅有一个可乐的名字：打春。还有另一个很可口的名字：咬春。

传统的这一天，依南北风俗不同，人们再忙也要挤出时间来吃春饼、春卷、春盘、萝卜……想一想都让人垂涎三尺啊！

春饼与春卷，历史悠久，色香味俱全，大家相对熟悉。可春盘的来头，同样不小呢！它的前身，是魏晋时期的五辛盘。听着

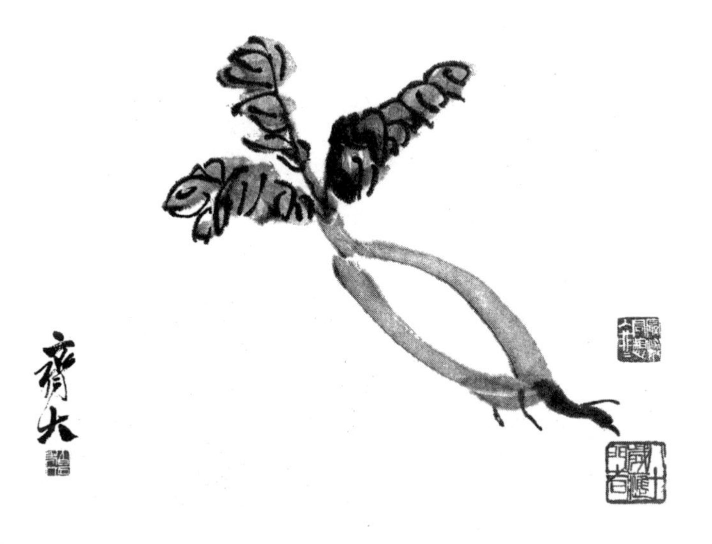

萝卜

齐白石绘。萝卜的根是常见的蔬菜，根、种子、叶都可以入药，民间称之为“小人参”。俗语有曰：冬吃萝卜夏吃姜，不用医生开药方。

像拼盘，其实是由葱、蒜、椒、姜、芥组成的调料。到唐朝时，它摇身一变，成为非常流行的春盘，这时它已是加入许多绿色蔬菜的环保美食啦！

至于萝卜，最简单喽，吃完后浑身舒爽通气。节气节气，最讲究的就是接地气啊！

养生

春天万物生发，要着眼于一个“生”字。可以生这生那，但就是不要生气。保持心情愉快，多吃些护肝、养肝的食物，是春天养生的秘诀。

春天到了，喝茶，也该改喝花茶喽。

传统中医认为，花茶可以驱散在人体内停留了一冬的寒气与邪气，促进阳气的上升，将人机能调节到良好状态。据说，喝蜂蜜茶可以先养颜，再养眼啊；喝山楂玫瑰茶可以养胃助消化；要不，来杯茉莉花茶，还可以感受下春天的淡淡清香呢。

春天，容易犯的毛病是春困。

这时候，人们恰要反其道而行之，坚持早睡早起，多吃碱性食物，选择运动量适中的运动来活动筋骨、调节身体，赶走疲劳感。如果有条件，可以试试蒸汽浴哟！

传说

或许，越是源远流长的宝贵民族文化，越应该保持一点适度的神秘。

“立春”在现在的春节前后，在古代，很长时间都把立春当春节来过，直到近代才分开。古时立春的时辰要在立春之前具体推算，这推算的方法还有一个很有趣的来历。

有一个县官，快到立春时，便赶紧命人将当地所有三教九流的知名人士召集到一起，他们的活动紧张而神秘：挖坑。坑挖好后，众人争先恐后地将鸡毛、鸟羽毛等轻东西放进坑内，然后由专人眼巴巴地守着。羽毛从坑内飘上来的时辰，就是立春之时。

在鞭炮声中，立春到来了！

“咬春”的来历，起源于吃萝卜。这又是一个民间传说。

相传某一年立春之前，一个村庄的人突然得了可怕的瘟疫，浑身无力，打不起一点儿精神。村里从此失去了欢声笑语，变得死一般寂静。

恰巧，一个附近的道士云游到此。听不到鸡鸭喧闹、人们走动的他，感到非常奇怪。怎么一点儿年味都没有啊！他顺手敲了敲一户人家的大门，门虚掩着，却无人应答。道士推门走了进来。眼前的景象让他大吃一惊！炕上东倒西歪地躺着几个人，脸色很难看，房间里尘土飞扬，脏乱不堪，看来已很长时间没人打扫了。

道士急忙向他们询问，这才明白全村人都得了这样的怪病。再没有人救他们，他们就要挺不过去了。

在村头的一棵古树下，道士盘腿坐了下来。他需要冷静地想一下，如何才能帮助村民摆脱困境。只见他双目紧闭，口中念念有词。几个时辰后，他猛然站起，飞奔回自己的观院，抡起镐头，从地里刨出一袋子大萝卜。然后他背起萝卜，再次跑回村庄。又从一户人家养的芦花大公鸡身上，拔下几根鸡毛，牢牢地扎在地上。

道士再次闭眼祷告，约莫一袋烟的时间后，鸡毛突然自己动了起来！看到这神奇的一幕，道士也欣喜若狂：“通地气了！大家有救了！”原来，这是救苦救难的观音菩萨教给他的药方：通完地气，萝卜就变成了最好的解药！他挨家挨户地发萝卜，让村民都咬几口自己手里的萝卜。

横行的瘟疫就这样被赶走了。重新过上平安生活的人们，在每年立春这一天都要咬几口萝卜，以求平安。

结语

其实，吃萝卜接地气，二十四节气本身又有哪一个不是接地气的呢？二十四节气中蕴含的智慧，低下头是如此贴近大地，抬起头便背负起一个古老民族。

立春与打春、咬春这些调皮的名字放在一起，庄重地传递着天下苍生渴望收获幸福与安宁的质朴希望。宋代白玉蟾的诗作《立春》中如是说：东风吹散梅梢雪，一夜挽回天下春。

那好吧，就让我们远离萧索，沿着生命中的春天继续前行。

雨水

时间：公历2月18至20日之间。

寓意：正月中，天一生水。春始属木，然生木者必水也，故“立春”后继之“雨水”。且东风既解冻，则散而为雨矣。

●来历

雨水，顾名思义，意味着大地解冻，飞雪渐少而降雨增加。

比起晦暗了很久的冬日时光，太阳公公逐渐变得明亮，它已转到了黄经330°。这一天气温继续回升。

雨水时节，油菜、冬麦等越冬农作物开始返青、萌动生长。及时灌溉，可是取得丰收的重要前提！不过，这灌溉也是大有讲究，要掌握好火候的，其秘诀是：麦浇芽，菜浇花。

雨水这个节气，有一些有趣的特点，来看看它天气预报的功能。

“雨水有雨百日阴”，意思是说，雨水节气时如果真的下雨了，那么未来的百天之内，天气差不多都是阴沉沉的。类似的还有“雨水落了雨，阴阴沉沉到谷雨。”

雨水这天下不下雨是预报，天气冷暖同样是预报。

“冷雨水，暖惊蛰”，“暖雨水，冷惊蛰”。也就是说雨水这天的冷暖，对下一个节气——惊蛰有很亲很亲的影响，它们是成反比的！

雨水的三候是：一候獭祭鱼，二候鸿雁来，三候草木萌动。

头五天，我们印象中一直懒洋洋的水獭，竟也与时俱进，和着淅淅沥沥的细雨，开始忙碌地捕鱼了！它逮起鱼来可是行家里手，一点也不笨!好玩儿的是，逮到鱼后，它不是一口吞下，而是放在岸边慢慢享受着吃。真让人不解，它是懒劲儿又上来了，还是在填饱肚子之前要进行虔诚的祭拜仪式?

再五天，喜欢仰望天空的人，就可以欣赏到正在由南向北迁徙的大雁了。在我们的记忆中，这熟悉的画面可是春天回归不可或缺的标志性景观啊。如果少了这一景观，总感觉春天即使来了，也仿佛来得不彻底、不踏实。

最后五天，在蒙蒙细雨中，花花草草们开始从泥土里拱出头来，长出嫩芽。大地显出一派生机勃勃的景象。这三候，和正值雨水其间的“七九河开，八九雁来”不谋而合。

雨水时的花信风候是：一候菜花，二候杏花，三候李花。“杏花、春雨、江南”，这样沁人心脾的美妙词语你一定不会陌生。

和雨水赛着忙的，是在广阔田地间进行春耕的繁忙景象。农谚说：雨水有雨庄稼好，大春小春一片宝。农谚又说：七九八九雨水节，种田老汉不能歇。

农民伯伯这个时期很辛苦，但他们知道：雨水送肥忙。因为对于容易发生春旱的地区来说：麦子洗洗脸，一垄添一碗。

春雨，真的贵如油啊!

● 风俗

元宵节

农历正月十五，是我国传统节日之一——元宵节，也称作

“上元节”。

“元”指元月，农历正月为元月。“宵”指夜，正月十五，即为新年的第一个月圆之夜。早在秦代，人们就在这一天举行庆祝活动了。到了汉文帝时，正式将此日定为“元宵节”。

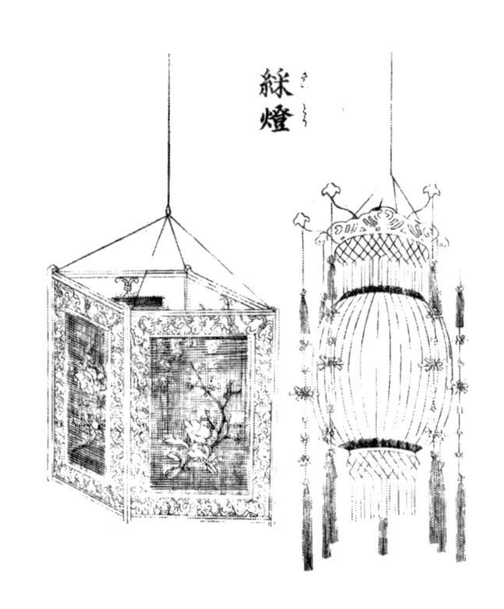

彩灯

选自《清俗纪闻》，中川忠英辑，石崎融思绘。

汉武帝时，又将祭祀太一神的活动，放在元宵节这天。《史记》的作者司马迁也将元宵节看作民族的重大节日。元宵节，是继除夕后庆祝春节的又一个小高潮，在人们心中，要过到正月十五，春节才渐渐地远去。

吃元宵、猜灯谜、赏花灯，是元宵节的典型活动。大街小巷张灯结灯，大人孩子全家都出来赏灯、闹元宵，呈现出一派喜气洋洋、普天同庆的祥和气氛。

回娘家

每一个出嫁的女儿都要回娘家，什么时候回娘家应该是人家的私事。不过在川西一带，雨水节气这天回娘家就不是私人行为了，而是一种既有人情味又饱含趣味的传统。

伴着绵绵细雨，小两口拎着大包小包地回娘家喽！左手一只鸡，右手一只鸭，身后还背着一个胖娃娃。类似的场景在雨水节

行灯和灯棚

选自《清俗纪闻》，中川忠英辑，石崎融思绘。

猜灯谜

选自《清国京城市景风俗图》。灯谜，是在彩灯上的谜语。夏朝时，出现了以暗示来描述事物的歌谣。到了春秋战国时期，这种歌谣演变成“廋（sōu）辞”或“隐语”。《国语·晋语》记载：有秦客廋辞于朝，大夫莫之能对也。三国时期，常有人把谜写在纸上贴出来让人猜。宋朝时，文人为显示才学，常在元宵之夜将谜条系在花灯上，供人猜射。

气这天被完全颠覆了。

女儿小婿当然要送礼品，不过这天的礼物可一点也不俗气。首先是两张上面缠着一丈二尺多长红带的藤椅，这可不是普通的椅子，这叫“接寿”。这时候，辛苦了大半辈子的老两口通常会笑得合不拢嘴。他们懂得，这是小两口用来尽孝心的精神食粮，祝自己健康长寿呢。

接着，小两口又会献上第二份礼物：罐罐肉。这罐罐肉不需要闻味，只要把做法说出来，保管让人流口水：把精选的主料猪蹄放在砂锅里，再配上雪山大豆、海带等辅料，炖烂后用红绳、红纸将罐口密封好，热热乎乎地送到娘家来。这是小两口用来孝敬二老的物质美食，老两口的嘴更合不上了：还等什么，快吃吧！

女儿孝顺，女婿懂事，二老当然喜上心头。对于新婚的姑爷，老两口通常会回赠礼品：一把伞。在雨水节气时送伞，还真是应节啊。不过，大家千万别一厢情愿地认为二老只疼女婿，偏心眼。他们当然希望女婿旅途顺利平安，但他们更是在给女婿提醒：做一把值得信赖的伞，为我女儿遮风挡雨！

最后的环节是，为了让那些一直未孕的女儿能早日背来胖娃娃，做母亲的要动用偏方，为自己的“贴心小棉袄”缝制一条贴身的红裤子。

灵不灵的暂且不管，这样温情脉脉的情景，伴着润物如酥的小雨，足以让人陶醉。

拉保保

同样在川西，同样在雨水节气，年复一年流行的民俗中有回娘家，还有“拉保保”。听起来像“拉宝宝”？千万别误会，要拉的不但不是宝宝，恰恰相反，是干爹。

在科技不发达的旧时代，善良的人们为命运的无常所深深困扰。同时也对子女寄托了无尽的爱，他们怕孩子不好养，更怕独生子夭折。可是自己的力量有时太渺小，于是人们就想办法为自己的孩子找个依靠。

当然，这个依靠主要是指心理层面上的。于是，“拜干爹”这种现在看起来风趣，甚至有些滑稽的风俗应运而生。孩子身体瘦弱的，就想拉个身体强壮的男子做干爹；希望孩子长大懂文墨的，就要拉一个看上去文质彬彬、有知识分子范儿的男子做干爹。斗胆猜测下，估计在这个以貌取人的环节里，戴眼镜的人优势会比较大。

更风趣的是“拉保保”的过程，拉得形象，拉得喜庆。

雨水这一天，无论天气阴晴，想给子女拜干爹的人，都会早早起床，什么酒菜、香蜡、纸钱统统塞进兜兜里。有性子急的，扛着大礼包就出门了，刚迈开腿，又转身回来。原来，大礼包里什么都有，可偏偏没有“拉保保”的主角：孩子。拉上孩子的小手，这回可以兴高采烈地出门喽！

“拉保保”是有特定公共场所的。如果来得晚，就会发现这里已经人潮涌动、拉拉扯扯、热闹非凡。拎着孩子的人，一个个在人群中左顾右盼、东张西望，眼睛都不够使了。他们紧张地打量周围每个人的脸，争取在最短的时间内，找到最佳的下手人选。

“拉保保”的偶然性非常不小，能寻到什么样的人，很大程度上取决于运气。也就是说，来凑热闹的人，可能身边随时会多出个拉着自己胳膊不放的孩子。来给孩子找干爹的人，也有可能被人拉住，变成别人的干爹。

被拉住的人，有不情愿的，可能就挣脱掉，在身后“爸爸去哪儿”的稚嫩童音中逃走了。而挣不开的，都会爽快地答应。本来嘛，人家信任你才会叫你一声“干爹”啊。

一旦速配成功，拉人的人就会高喊：“打个干亲家！”然后当场就摆下酒菜，点蜡、焚香，让孩子给干爹叩头、敬酒，忙得不亦乐乎。

最要紧的，是要让干爹给娃儿取个名字。为这，孩子的亲爹在家里早就做足了功课。娃儿的生辰八字早就托给了算命先生，他说娃儿金、木、水、火、土这五行缺哪样，家长就得叫干亲家在取名时加上哪样，他们都认为这样孩子才会长命百岁！

干爹这算是拜成了。拜完后一直联系往来的，就叫“常年干亲家”。也有随后就各奔东西，没太当回事的，就叫作“过路干亲家”。

“拉保保”的随机性已经很大了，但多少还有些选择余地。不过在川西地区的民间，还有一样随机性更大，完全像撞大运似的拜干爹行为：撞拜寄。

雨水这天，一大早大路边隔着不远，就有许多手牵娃儿的年轻母亲，正急切地向来处张望。她们的心情，一定很忐忑。因为即将出现在眼前的第一个行人，无论男女老少，她们都要在第一时间内冲上前去拦住，然后按住自己的孩子倒头便跪，为对方做义子或义女。能遇到什么样的人，事先完全无从得知。

无论是“拉保保”，还是“撞拜寄”，其实质都渗透着天下父母的浓浓爱意。为什么要选择在雨水节气时为娃儿找干爹呢？很好理解，雨露滋润，易生长哟。

养生

雨水这天，不仅要想着如何为娃儿拉保保，更要从实际出发为孩子的身体着想。

春寒料峭，对老人和小孩子的身体影响很大，容易发生“倒春寒”，引发呼吸道疾病、感冒发烧等病症。享受初春的同时，“春捂”说的就是这个事。

春捂要捂两头，又不要捂过头。两头很简单，就是头与脚嘛。头不要受风，脚注意保暖。过头当然就是出汗出多了，被冷风一吹就容易感冒啊。

此时，对春风比较敏感的人群，要注意预防花粉性过敏。另外北方依旧寒冷，不宜剧烈运动，倒是很适合打打太极拳。

初春的雨水，让空气渐渐变得湿润，气候尚未燥热，是调养脾胃的绝佳时机。唐代药王孙思邈说：春日宜省酸增甘，以养脾气。偶有口干舌燥现象，要多吃些水果，少吃些油腻的羊肉狗肉，建议多吃些莲子粥、红枣粥之类的清淡食物。

传说

汉文帝设立元宵节，这里面还有一个故事哩。

汉高祖刘邦死后，皇后吕氏之子惠帝登基。惠帝年幼，且性情懦弱，致使汉王朝大权旁落，吕氏掌管朝纲，一手遮天、排除异己。整个吕氏家族也为所欲为，众忠臣对刘氏宗族虽愤怒不已，却害怕受到吕氏迫害而敢怒不敢言。

吕后病死了，诸吕心生惶惶，生怕皇帝当权后新账老账一起算。于是，诸吕偷偷集结在上将军吕禄的家里，密谋造反，夺取刘氏江山。自己说了算，谁还敢管呢？

可人算不如天算，他们的计划走漏了风声，齐王刘襄得知了他们险恶的用心。做为汉氏宗亲，他急忙与开国老臣周勃、陈平等人取得联系，并做出了剿灭诸吕的决定。

只是，诸吕势力依然强大，他们需要依计而行。在设计解除了吕禄等人的兵权后，时机终于渐渐成熟了。正月十五日，周勃、陈平振臂一呼，大家对诸吕的恶行早已义愤填膺，纷纷响应。诸吕之乱终于得到了平定。

平乱后，众臣拥立刘邦的第四个儿子刘恒登基，即为汉文帝。

为了纪念这来之不易的太平年代，文帝将平灭诸吕的这天，即正月十五日，定为万民同乐、灯火辉煌的“元宵佳节”。

结语

雨水，是一个雨意阑珊、诗意朦胧的时节，是一个让人在萌动中带着淡淡喜悦与憧憬的时节。唐朝大诗人杜甫曾留下著名的诗句《春夜喜雨》：

好雨知时节，当春乃发生。

随风潜入夜，润物细无声。

同时代的韩愈也曾在《初春小雨》中感慨道：

天街小雨润如酥，草色遥看近却无。

最是一年春好处，绝胜烟柳满皇都。

多么美的诗句，多么怡人的时节，给大地带来渴望与生机的小雨，来得正是时候！

汉文帝像

选自《古今君臣图鉴》，明，潘峦编绘，明万历十二年益藩阴刻本。汉文帝刘恒，汉高祖刘邦第四子，母亲是薄姬。高祖十一年（前196年），八岁的刘恒被立为代王，都于中都。公元前180年吕后死，吕氏外戚欲谋反，齐王刘襄兄弟兴兵伐吕，周勃、陈平见势响应，灭掉吕氏一族。众臣因齐王势壮，而刘恒之母薄氏家族的势力较薄弱，遂拥立二十四岁的刘恒即位。刘恒登基后，躬修节俭，废除肉刑，兴修水利，轻徭薄赋，鼓励农桑，他施行的一系列政策使汉朝进入了强盛时期。在外交方面，他执行和亲、安抚等政策，同时“募民实边”，增强边疆防御力量。文帝为政宽仁，励精图治，与其子景帝一起开创了治世“文景之治”。公元前157年，刘恒驾崩，他在位二十三年，享年四十六岁，葬于霸陵。

惊蛰

时间：公历3月5日或6日。

寓意：二月节，万物出乎震，震为雷，故曰惊蛰。是蛰虫惊而出走矣。

●来历

当太阳来到黄经345° 时，我们就迎来了二十四节气中的第三个节气：惊蛰。

蛰为藏，指的是小动物们蛰伏于地下冬眠。当春日渐暖、春雷始动时，这些过冬的昆虫们被惊醒，它们睁开眼睛、伸伸懒腰，该起床喽！晋代大诗人陶渊明曾在诗中生动地形容这番景象：促春遘（gòu）时雨，始雷发东隅，众蛰各潜骇，草木纵横舒。

惊蛰时节，中国大部地区气温已回升至零上，农民开始紧张

黄鹂

古代版画。黄鹂，羽毛呈鲜黄色，鸣声清脆悦耳，是一种食虫的益鸟。黄鹂很胆小，很少到地面活动，大多栖息于森林或高大的乔木上，以害虫和浆果为食。

蔷薇

古代版画。蔷薇是常见的观赏植物，分布较广，多是密集丛生，花朵小，但花色多，与玫瑰、月季为同一属植物。伊朗将蔷薇定为国花，也有不少文明古国将蔷薇花作为真善美的象征。

而忙碌的春耕，谚语说：到了惊蛰节，锄头不停歇。如果这时偷懒，对于农家人来说，可是得不偿失哟，因为谚语还说：惊蛰不耙地，好像蒸馍跑了气。

不过，这时农家人也要开始注意虫害的防治了，因为百虫皆醒，不仅是益虫，还有害虫呢!

惊蛰的三候是：一候桃始华，二候仓庚（黄鹂）鸣，三候鹰化为鸠。

一候桃花开始绽放，妩媚妖娆得让人流连忘返。二候黄鹂在枝头欢快地鸣叫。最好玩的是三候，对于偷偷躲起来孕育下一代的鹰，古人不知道它们去了哪儿，却看到原本蛰伏的鸠叫得勤快，便以为是鹰变成了鸠。这分明就是一幅长江流域春暖花开的迷人画卷啊！

惊蛰时的花信风候是：一候桃花，二候棠梨，三候蔷薇。迎着春风，满目的桃花惊艳地开放，真的很惹人醉呢。

春天到来，万物复苏，古人以为是春雷起到闹钟的功能，惊动了冬眠百虫的美梦。其实地下的百虫根本就听不到雷声，也就是说它们不是被迫起床的，而是已经睡到了自然醒。因为外面空气变得温暖而潮湿，春天的气息让它们按捺不住啦！

最初，“惊蛰”叫“启蛰”，时间和现在的雨水节气一样。但到了汉景帝刘启时，这位不能免俗的皇帝认为自己的名字谁也不能用，连节气也不行！于是，“启蛰”消失了，“惊蛰”出现了。

唐代时曾经想把名字改回去，但“惊蛰”这个名字已经被大家所认可，也就一直这么叫下去了。我个人嘛，还是喜欢“惊蛰”这个名字，惊喜、惊奇、惊叹，这就是春天时生机盎然、万物复苏的魅力！

●风俗

在传说当中，白虎可不是什么善类，而是专管口舌是非的神。别看它是白虎，可它能将白的说成黑的。

每年到了惊蛰这天，饿了一整年，饥肠辘辘的白虎，终于可以到人间四处找东西吃、大开杀戒了。如果谁不小心惹了它，可就麻烦了。一整年都不会顺利，周围小人成堆，在背后使绊子、扯闲皮、兴风作浪，让人不顺当。

儿歌中的两只老虎，一只没有眼睛，一只没有尾巴，真奇怪。可要是换成白虎，就一点也不奇怪了，用不着眼睛，也用不着尾巴，光有嘴就行了，谣言传播得最快嘛！善良的人们，为求自保，就在这一天养成了祭白虎的风俗。

具体过程是这样：大家先在纸上画一只白老虎，不过这白老虎的身上，还有黄色的黑斑纹，在嘴角再画上两只凶巴巴的獠

白虎之神

古代版画。中国古代神话传说中的四大神兽分别是：青龙、白虎、朱雀和玄武。白虎是道教西方七宿星君四象之一，根据五行说，它是代表西方的灵兽，因西方属金，色白，故称“白虎”，代表秋季。白虎是镇邪的神灵，具有避邪、禳灾、祈丰、惩恶扬善、发财致富、喜结良缘等多种寓意。

牙，白虎的形象就基本完成啦。

拜祭时，必须要用肥猪血和生猪肉。肥猪血嘛，是要将白虎喂饱，这样它就没有多余的胃口去伤人了。生猪肉呢，是要用来使劲抹白虎嘴的，让它的嘴充满油水，这样它就没有闲工夫到处去八卦了。这很容易让人联想起大家开玩笑时说的一句话：吃饭还堵不住你这张嘴！

这个有趣的风俗，我总觉得在郑重的仪式背后，还隐藏着一丝隐喻：对于白虎的挑拨口舌是非，不必当真，说白了它就是一只纸老虎。

蒙鼓皮

对古人来说，打雷可是一件很神奇的事。这轰隆隆的雷声，多么有气势啊！在古人的想象中，天上密布的乌云背后，一定有一个人类看不见而又掌控这一切的雷神。

雷神的样子嘛，当然不能过于斯文，应该是有几分骇人的。虽然是人身，但在云朵背后飞来飞去的，很可能长着一张鸟嘴，对了，还有鸟一样的翅膀！

至于这透着恐惧、有点像击鼓的雷声是怎么发出的呢？他一定有一把无与伦比的雷神之锤才对，然后在他身边，是无数环绕着他的巨大天鼓。接下来，天宫里的架子鼓手便正式诞生了！

在惊蛰这天，春雷渐起，人们觉得自己的这一构思很有想象力。听着轰隆隆的雷声，觉得自己也不能闲着，得顺应天时自然地做点什么才行。

雷神的天鼓要是忘了蒙皮可怎么办？雷神之锤那么沉，鼓皮要是被敲漏了怎么办？冬眠的百虫听不见闹铃响，迟到了怎么办？我们的春耕受影响怎么办？

鼓

日本，福岛安正绘，明治十五年（1885）。鼓，是我国的传统打击乐器。在远古时期，鼓被尊为神器，常用于祭祀，也广泛应用于狩猎和征战活动。作为乐器使用，是从周代开始的。《礼记·明堂位》记载，在伊耆氏之时就已有土鼓，即陶土作成的鼓。《太平御览·卷五八二》记载，涿鹿之战中，“黄帝杀夔，以其皮为鼓，声闻五百”。《周礼·地官司徒》记载，当时专门设置了“鼓人”来管理鼓制、击鼓等事宜。

雷神

选自《新刻出像增补搜神记》，晋干宝集撰，明金陵唐氏富春堂刊本，明万历元年（1573）刊。《山海经·海内东经》记载："雷泽中有雷神，龙身而人头，鼓其腹。在吴西。"中国关于雷神的传说很多，如华胥公主就是见到了雷神才怀孕生下了伏羲。

不行，必须得帮帮雷神！于是，蒙鼓皮的习俗诞生了！渐渐地，人们不仅选择在惊蛰这天蒙鼓皮，还发展成把破了皮的鼓一直留到惊蛰这天才重新蒙好。

另外，壮族地区还有从三月至七月禁婚的习俗。他们认为这一时期雷公活动频繁，经常拿着大锤子四处溜达，时不时地就来两下。这期间人间办婚事，就会遭到雷公的惩罚，婚姻不会美满。而从八月到次年二月，打了半年鼓的雷公也感觉累了，会关起门来睡大觉，这时才允许进行相亲、订婚、结婚等一系列活动。

打小人

人们既然以为平地一声雷会惊醒百虫，那么，当然会想到这百虫当中会有蛇虫鼠蚁。万物复苏是好事，但邪物歪虫也闹腾起来，可没人会欢喜。

于是在惊蛰这天，人们会进行驱虫活动。将清香、艾草等放在家中各角落，用其独有的气味来使蛇虫规避，这样做不仅能驱虫还能驱除霉味。还有人将具有杀虫功效的石灰洒在门槛外，给蛇虫们点颜色看看，免受其骚扰。

蛇蚊需要撵，霉气需要撵，连心中的怨气一并撵走岂不更好？不顺者的怨气主要是由小人所致，于是，“打小人”的习俗便应运而生了。

旧时惊蛰日，会有很多这样的景象：按照冤家对头的样子做个小纸人，妇女们一只手捏着纸人一只手拿着拖鞋或棍棒，一边猛力抽打纸人，一边像念咒语一样：“打你个小人头，打到你有气冇（mǎo，“无”的意思）定（“地分”的意思）抖（“喘”的意思），打到你食亲（“每次”的意思）野（“东西”的意思）都呕。”

什么时候收手呢？等心里这口气出了，心里舒坦了，认为小人来年不敢再招惹自己了，新的一年会事事顺意了再收手吧。

食俗

在山西一些地区，流行着惊蛰日吃梨的习惯。这既表达着要与害虫彻底划清界限的决心，也有努力创业之意。

在山东，人们会烙煎饼，意思是：烟熏火燎的害虫能往哪儿逃?

在广西瑶族的惊蛰日，流行吃炒虫。说是虫，只是取其象征意义，其实就是玉米。“虫”炒好后，一家人热热闹闹地围坐在一起，一边吃一边兴高采烈地大喊：“吃炒虫喽！”吃到高兴处，还要进行比赛。看谁吃得最快，吃得最响。最后的获胜者，会一脸自豪地接受众人的祝贺。因为他知道，自己为消灭害虫立下了大功，果然是人类的好朋友！

在陕西一带，惊蛰日流行吃炒豆。被盐水浸泡后的黄豆，在锅中爆炒，噼啪作响，上蹿下跳。大家享受的，其实就是炒豆的这个过程，这多像害虫们在热锅里受煎熬啊！

农历二月二，是中国传统节日，这一天往往和惊蛰时节很接近。我们现在过二月二，最大的概念是：这是个理发师最喜欢的好日子！

原来，万物复苏中的最大牌，是龙。龙抬头的日子，谁不愿意一起抬头，沾点儿光呢。这天大人孩子排着队去理发，这叫“剃龙头”“交好运”。更有甚者，北方有些地区不许妇女们在这一天动针线，恐伤龙眼。不许人到水井去提水，恐伤龙头。

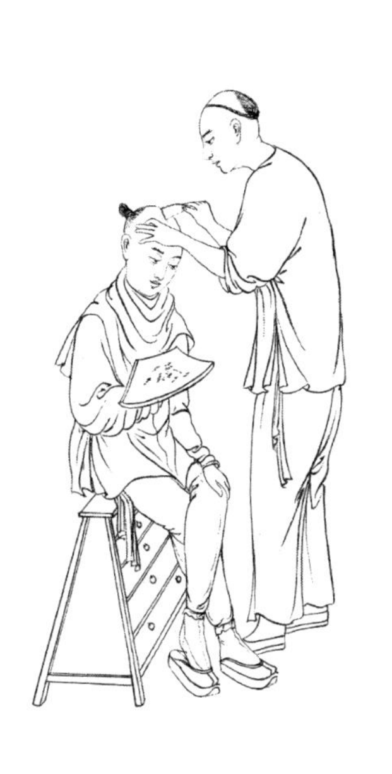

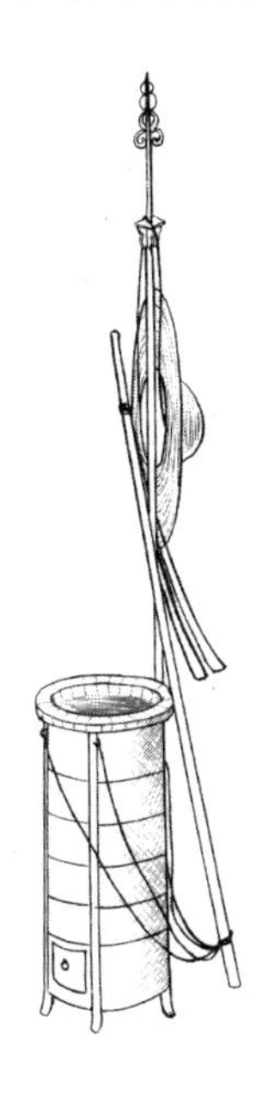

剃头

选自《市景三十六行》，白描图，清人绘。

这一天，吃什么都可以和龙有关。面叫“龙须面”，水饺叫“龙耳”，春饼叫“龙鳞”，馄饨叫“龙眼”，米饭叫“龙子”。

而在南方，还流行着祭社的习俗。祭社，就是祭土地神。这一天活动内容丰富，人们既祭神又娱人。对土地与丰收的顶礼膜拜，总是时刻牵动着勤劳古人的神经。

养生

万物复苏很不错，但要是病菌们一起跟着复苏了，就不见得是什么好事情了。

惊蛰时分，一定要预防各种流行性疾病。起居要注意，小心倒春寒的偷袭。适当地脖子扭扭、屁股扭扭、多散散步，做些有益身心的有氧运动。实在不行，哪怕早上起床后多伸几个懒腰也行嘛!

爱吃锅巴的小伙伴们，可赶上好时候了。吃甜食，可健脾，是惊蛰时节的上选。大枣与山药，都是值得推荐的好东西。反之，山楂之类的酸食，就不要吃啦。

传说

惊蛰吃梨，甘甜之余，还有一段励志的故事。

明代洪武年间，上党商人渠济携信、义两子，从家乡贩梨与潞麻到祁县卖，再从祁县带回粗布与红枣到上党卖。

风里来，雨里去，一晃多年。冷暖谁问，甘苦自知。凭着做人和经商的信与义，在两地间辛苦奔波打拼后，渠家渐渐发达，后定居于祁县。

时光荏苒，转眼间已是数百年后的雍正年间。第十四代孙渠百川，不想空守家业，要走去西口（陕西），要走出属于自己的一片天空。

临行时，他的父亲拿起一个梨，郑重地放在渠百川的手心，让他吃下。渠百川心头一热：父亲，我们不会别离太久的，期待我尽快成功吧！

然而，其父说出的，却是另外一番话。

孩子，这一去世路艰难。不要小看这个梨，我们祖辈就是靠贩梨起家才得以殷泽后世。吃下这个梨后，你要记住先辈们曾吃下的苦，要用加倍地努力去争取事业有成！

体会到父亲良苦用心的渠百川，拭去眼角的泪水，走出家门，义无反顾地重启了渠家的创业之旅。这一天，恰是惊蛰。

凭借着心底执着的信念，渠百川终于闯出了一片自己的天空。成为新一代著名晋商，他开设的字号叫“长源厚”。

渠百川的成功，激励了很多人。他在离家创业之时，也争相地吃上几口梨，用以明志。这就是山西人惊蛰日吃梨的由来。

结语

一切从头开始。惊蛰，真的是个出发的好日子。唐代诗人韦应物曾说过：微雨众卉新，一雷惊蛰始。

春分

时间：公历3月20或21日。

寓意：二月中，分者半也，此当九十日之半，故谓之分。

● 来历

春分节气，有着特殊的意义。

这一天，太阳的位置正好在黄经0°，直射地球赤道。全球所有地区昼夜平分，阴阳和谐。也就是说白天和黑夜的时间谁也别争，谁也别抢，恰好相等。

对于位于北半球的我国来说，正好是春季，所以叫春分。至于南半球呢，正好处于秋分。很多国家都很注重这一天，如伊朗、阿富汗、土耳其等国，因为这一天是这些国家历史悠久的隆重节日：新年。

我国过了这一天，白天开始延长，黑夜开始缩短。

春分的三候分别是：一候元鸟至，二候雷乃发声，三候始电。

阳光明媚的日子终于到来了！一候时，燕子从南方飞回北方；二候时，天空中不时伴随着沉沉的春雷；三候时呢，传说中的电母按捺不住，不甘心让风头全被雷公抢走，也开始放出一道道耀眼的闪电。

春分时的花信风候是：一候海棠，二候梨花，三候木兰。

天上热闹，田间更是繁忙。春耕进入了极活跃的阶段。“春分麦起身，肥水要紧跟”，大部分越冬的农作物都进入快速生长期，农家人得抓紧春溉、施肥、除虫，闲不得啊！虽然，局部地

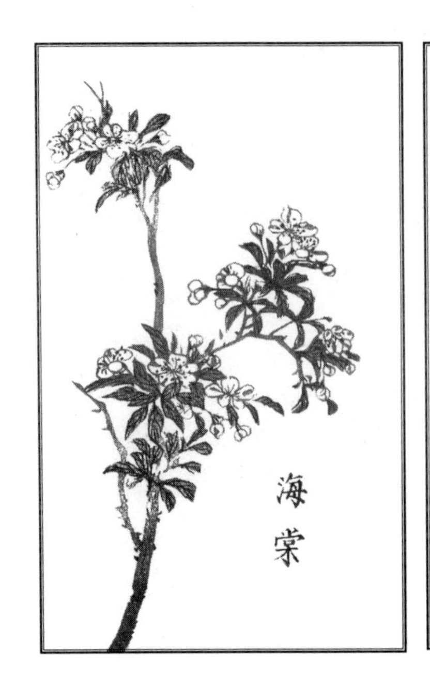

海棠

古代版画。海棠，常见景观植物，有“花中神仙”“花贵妃”之称。在皇家园林中，海棠常与玉兰、牡丹、桂花相配植，以表“玉棠富贵”的寓意。历代文人多有诗句赞美海棠，宋朝大诗人陆游赞美它“猩红鹦绿极天巧，叠萼重跗眩朝日”，苏东坡亦有名句“只恐夜深花睡去，故烧高烛照红妆”。海棠还常出现在文人的画作中，因此海棠又称“解语花”。

区需要注意偶尔出现的霜冻和沙尘暴，但这遮掩不住春分是一个令人欣喜的时节。

花红柳绿，草长莺飞，赏心悦目的春天、如日中天的春天！

• 风俗

祭日

我们都知道北京有座天坛，是用来祭天的。其实在北京朝阳门外，至今仍坐落着一座日坛，也叫朝日坛。运用类推法，我们可以知道，日坛就是用来祭日的。

自周代起，就有祭日的习俗，北京从元代时出现日坛。现存的这座日坛，建于明朝嘉靖年间，是历代明清皇帝在春分这天祭祀大明神（太阳）的地方。

祭日虽然比不得祭天那样隆重，但在古代也是很神圣的节日。皇帝每逢甲、丙、戊、庚、壬年，都必须要到日坛来参加仪式。

祭祀时辰是卯时，错过这一时间，皇帝也得算做上班迟到。不仅不能来晚，皇上通常还得提前到达具服殿才行，因为要腾出工夫来换祭日的专用衣服。也就是说，祭日时要穿特定的工作服！

朝日坛坐东朝西，道理很简单：太阳从东方升起，当然要面向东方行礼。

竖鸡蛋

“春分到，蛋儿俏。”春分这天最流行，也是最易行的活动，竟然是竖鸡蛋。相信很多人都做过这个看似简单，却又让人感到有劲使不上的趣味小游戏。

关于竖鸡蛋，还有一个和著名航海家哥伦布有关的小故事。

哥伦布在取得发现美洲新大陆的巨大成功后，遭到了很多人的不屑和质疑。他们认为哥伦布能成功纯属偶然，顶多是运气好，捡了个便宜。

在一次庆功会上，哥伦布决定反击。

宴会上，哥伦布提议与会的先生和小姐们做个游戏，看谁能把桌子上的鸡蛋竖起来。大家感到很好奇，纷纷尝试，但却没有一个人成功竖起鸡蛋。哥伦布面露笑容，说：“看我的。”

周围静极了，仿佛空气都凝固起来。在众人不可思议和怀疑的目光中，哥伦布拿起一个鸡蛋，在桌子上轻轻一磕，蛋壳被磕

哥伦布竖鸡蛋

外国漫画。

破了，可鸡蛋却稳稳地立在了桌子上。

哥伦布环视众人："是的，我的发现就是这么简单。可问题在于，为什么你们没有想到？"

哥伦布的确机智，但这个故事中竖鸡蛋的环节，多多少少还是掺杂了一点脑筋急转弯的意味。而春分时节竖鸡蛋，可是要靠真功夫的。

话说回来，为何人们偏偏喜欢选择在春分这一天竖鸡蛋，这一天竖蛋的成功率又为什么偏高？这里面，还真蕴藏着科学道理。

首先，要选择放了四五天的鸡蛋，这时的鸡蛋蛋黄下沉，具有一定的重心，利于竖起；其次，鸡蛋表面看起来要光滑匀称，但仔细观察还是会发现有高低不平之处，找准落脚点也利于竖蛋；最后，春分这天昼夜平分的性质，使地球轴和公转的轨道产生一种奇异的平衡，利于竖蛋。

如果你在这天竖起过鸡蛋，一定不要忘记春分的功劳哟！

送春牛

以前春分这天，兴许一开门就会发现门外站着个人。别紧张，他是挨家挨户送春牛图的。

春牛图，其实就是在两开的红纸或黄纸上，印上全年的节气和田间劳作的耕牛的图画。这送春牛图的人，那张嘴往往也够牛的。什么随机应变、触景生情，都是拿手的好把戏，再加上能言善唱，说词押韵动听，一番吉祥话加上提醒农时的贴心话，说得人心里如同春分时节的天气：暖洋洋的。

最后的情景不外乎如此：某家主人听得心情舒畅、如沐春风，随即大方地掏出赏钱，只讨个吉利也是好的。

这番说话的功夫，可是有来头的，叫“说春”，这说春的人就叫“春官”。不过，说起来容易，做起来难。看来春官这“官”也不是那么好当的，不仅需要一定的情商，更需要一定的才艺功底啊！

按惯例，农家人在春分这天，无论田地里多忙，也要在家里待一天。

为啥呢？难道是农民伯伯累了，想过个周末？农家人的确很辛苦，但这一天他们没有耕地，却有和耕地同样重要的事要做。

什么事呢？吃汤圆。就是吃啊？别急，接着往下看。吃的只是一部分，还有不用包心的二三十个汤圆，它们可是另有用处的。农民伯伯来到田地边，把这些不用包心的汤圆插在细竹叉上，再把竹叉插在地坎上。

雀

选自《禽谱》，日本，伊藤绘。麻雀，多在人类居住的地方活动，性格活泼，胆大易近人，好奇心强，警惕性却很高。

他们这是做什么，不怕把小麻雀引来吗？恰恰相反，他们就是要把贪嘴的小麻雀招来，让它们在田边被这些汤圆撑饱，再没有多余的气力去糟蹋庄稼。

农民伯伯这聪明的一招，叫作“粘雀子嘴”。这个“粘”字，用得多形象啊！

吃春菜

每个节气都有自己的特色菜，春分当然也不能例外啊。

昔日四邑开平苍城镇的谢姓人家，就有春分吃春菜的习惯。所谓春菜，其实是一种被当地人称做“野碧蒿”的野苋菜。

到了春分这日，村里的老老少少都争先恐后地去田野中摘春菜。采春菜归来后，要进行下一步工序：把春菜和鱼片一起放到锅里滚汤。名曰：春汤。

尝上一口春汤，浑身通透啊！谁要是不信，有顺口溜为证：“春汤灌脏，洗涤肝肠。阖家老少，平安健康。”

人们图的就是这个顺当劲儿！

养生

由于春分的特殊性，让它成了一个适合养生的时节。

春分者，阴阳相伴也。这可是调节体内阴阳平衡、协调身体机能的重要时机。具体来说，就是做什么，都要注意平衡。吃东西时不要太热，也不要太寒，不要太肥腻，也不要一点油水不沾，建议多吃些韭菜与香菜。

平时呢不能拒绝运动，也不要一运动完就躺着喘粗气，什么也顾不上。

最简单实用的方法来了，《养生论》中曾说：春三月，每朝梳头一二百下。也就是说，只要天天早上多梳梳头，让头皮的毛孔舒展，多些新陈代谢，也是同样有效果的。

动静相宜，是春分时节最好的注脚。忙碌的农民伯伯，你们春耕当然重要，但也要适时休息，注意身体哟！

俗话说：春分风不小，要防痛深扰。谚语还说："百草回芽，旧病萌发"，意思是说春分时一定要注意身体，不要旧病复发，这可是养生者的大忌。

结语

"春分雨脚落声微，柳岸斜风带客归。"南唐的徐铉曾留下这样的诗句。

春分，就是这样公平，无论黑夜与白天，无论是客家人还是采春菜回来的农家人，都带着相同的希冀与欢笑。

清明

时间：公历4月4日至6日之间。

寓意：万物生长此时，皆清洁而明净，故谓之“清明”。

●来历

清明，是二十四节气中唯一一个具有双重身份，既是节气又是节日的日子。清明时分天气舒爽，草木茂盛，天地间清澈明净。

作为传统节气，清明时太阳的位置在黄经15°。它的三候是：一候桐始华，二候田鼠化为鹌，三候虹始见。

这时节阳气日盛，白桐花开放了。喜欢阴处的田鼠不再四

家庙祭祀之图

选自《清俗纪闻》，中川忠英辑，石崎融思绘。

填墓祭祀之图

选自《清俗纪闻》，中川忠英辑，石崎融思绘。

处溜达卖萌，偷偷地钻回到地下的洞穴纳凉。取而代之的，则是大摇大摆的、喜欢晒太阳的鹌鸟。然后，最让人感叹的美景出现了：在雨后的天空中，有机会看到彩虹了！

清明时的花信风候是：一候桐花，二候麦花，三候柳花。

清明时的农耕依旧忙碌，有农谚说：清明时节，麦长三节。还有谚语说：清明前后，种瓜点豆。

而作为节日的清明节，人们的熟悉程度显然更高。因为千百年来整个世界的华人，都把清明当作祭祖、扫墓最重要的时刻。

在清明节时最先搞起祭祖活动的，是古代的帝王将相，后来民间多有效仿，渐渐演变成全民族上下统一的节日。

国人重视祭墓葬有着悠久的历史，打西周起，相应的祭祀就已成为一项重要的社会活动。本来呢，古时候专职祭祖扫墓的日子，不叫“清明节”，而叫“寒食节”，应在冬至一百零五天之后，也就是清明前的一两天。寒食节自春秋晋文公时就已经有了，到了唐代正式把扫墓等活动归到寒食节这一天。但清明与寒食的日子实在太相近，后来干脆合二为一。以至于到现在，清明

祠堂

1878年，（英），《中国社会规则礼仪风俗习惯的历史》。祠堂，是汉族人祭祀祖先或先人的场所。除祭祀之外，祠堂还有多种用途。祠堂是族长行使族权的地方，违反族规的族人在这里受罚；族亲商议族内的重要事务时，将祠堂作为会聚场所；子孙办理婚、丧、寿、喜等事时，则常将祠堂用作活动之地。一般来说，祠堂是一姓一祠，族内妇女或未成年儿童不得擅自入内。

祭拜祖先图

1878年，（英），《中国社会规则礼仪风俗习惯的历史》。

节大行其道，而寒食一词则渐渐不为人知了。

从此，清明节就被中华民族感恩与怀念的泪水所浸染。每一个有良知的炎黄子孙，无论贫富、身处何方，到了清明这天，神情都会不由得肃穆起来，用尽可能的方式寄托对亲人的思念、对先祖的敬意。此情此景，苍天可鉴。

• 风俗

秦汉之前多有墓无坟，葬人的棺木离地表很近。因此就有了用土填补漏洞，防止雨水与狐鼠窜入，并保持墓地干净的现实需求。虽然后来墓上堆土形成了坟，但添新土为祖先修屋的习惯一直保持着，“扫墓”的说法就是由此而来的。

到了后来，扫墓时表达心情的内容越来越丰富，大致为：为坟墓添新土、挂白幡或黄纸、烧纸钱、供祭品和献花。

旧时的山东泰安，清明扫墓可是一件大事。这一天，男人要挑着四个小菜和水饺一路来到祖坟，郑重地献上供品、焚香烧纸、洒酒于地，一切都是那么虔诚小心。

祭奠的另一个重头戏是“烧包袱”。包袱皮是用白纸糊的大口袋。讲究些的，上面会印上往生咒和逝者牌位，并写上收钱亡人的名讳。不太讲究的，什么也不印，只需在贴好的蓝签上写上逝者名字即可。至于包袱里装的嘛，当然是各种各样的冥币。

熊熊的火苗，在扫墓人的自言自语中，仿佛真的变成了人们将包裹从阳间递往阴间的通道。

“柳垂阡陌雨沉沉，千里子孙赶上坟。处处青山烟雾起，焚香祭拜悼先人。”此处描绘的就是清明，就是无数的后人前往墓地祭奠先人的情景。

当然，难免有身处异乡，不方便上坟的。这些远方的游子们就在家设置供堂，摆好祭品，烧香祷念。

阴阳相隔，另一个世界的亲人能否收到暂且不论，世人的这份哀思，古今相同。

插柳

柳在中国人的心中，有着特殊的地位。

佛教中的柳，不仅可以辟邪、驱鬼、保平安，还有一个更高明的本领：度人。传说中大名鼎鼎、救苦救难的观世音菩萨，手中所拿的净水瓶中便插着杨柳枝。这可是挥洒甘露，传播正能量

柳

选自《诗经名物图解》，日本江户时代，细井徇、细井东阳撰绘。柳树生命力强，生长快，常被古人种在军营周围。“柳”与“留”谐音，所以诗歌中常用柳暗指离别，古人还有折柳送别的习俗。

的重要道具啊！

而清明，本就是传统风俗中的鬼节之一。

据说，柳还和寒食节的主角介子推、尝过百草的神农氏，都有千丝万缕的联系，清明插柳，也是纪念他们的一种手段。

而在山东各地，逢节到处都插满了有纪念意义的柳条与松枝。妇女和孩童喜欢将新摘的柳枝编成环戴在头上，这可真是美不胜收啊！更有甚者，还要给狗套上柳条圈，嘴里吟唱着：清明不插柳，死了变黄狗。

另外，人们重视插柳，还在于柳有顽强的生命力。“无心插柳柳成荫”，只有柳才享有人们如此高规格的称誉。

事实上，清明时节，处处一派欣欣向荣的春天景象。此时不仅适合插柳，也适合其他树木生长。于是到后来，插柳就演变成了植树的习俗。

踏青

古时清明期间，通常是要禁火吃寒食的，为了防止冷食伤身和精神过于压抑，古人又在祭祀之余，发起了一系列的健身习俗。最怡人的，当然是趁着春光正好，去郊外踏青。

春风和煦，草木葱茏，山色青翠，随情随性地走一走，想一想都让人心旷神怡啊！不知不觉中，一冬的阴霾已悄悄抖落。

好动的孩童们，此时可有了好玩的东西：秋千。

在牢固的树枝间拴上绳索，加上踏板，一个简单的秋千就制成了！孩子们乐此不疲，张着大口喘气的样子，可以泄内火、进阳气，增加肺活量啊！

在山东即墨，荡秋千可不是小朋友们的专利，新媳妇也是不折不扣的爱好者。她们不仅自己玩得开心，还要进行比赛呢！在她们眼里，谁的秋千甩得高，就象征着谁的生活节节高。

蹴鞠

古时清明这天，据说还有一项很有趣的运动项目：蹴鞠。

如果你对这项古老的体育运动不熟悉，没关系，它还有个现代版的、让人熟得不能再熟的名字：足球。鞠，就是用皮革制的塞满了毛的球；蹴，就是“踢”的意思。放在一起，就可以痛痛快快地享受古代足球的乐趣喽！

据说啊，蹴鞠是黄帝发明的游戏，初衷呢，是用来训练手下的武士。只是不知道当时有没有诞生过我们至今未知的球星啊。

如果觉得蹴鞠踢着累、太费体力，山东菏泽一带的小朋友们还可以玩一个简易的竞技小游戏：碰鸡蛋。

不能吃热食，那好，就把两个煮熟的鸡蛋顶在一起，让小朋友互相较力，看谁的手劲大，先把对方的鸡蛋碰破。

用鸡蛋碰石头，什么样的鸡蛋也不好使。用鸡蛋互碰，那就要透露一点秘诀喽，据说个小的鸡蛋更容易获胜哟！

食俗

清明节时各地吃的食品还真是蛮多的。

江南一带过清明，有吃青团的习俗。理由很简单：清明节要吃青色的食物。刚出锅的青团子绿油油的、绵软筋道、蒿香扑鼻，咬上一口，回味无穷啊！

类似青团的食物，还有一种，叫蒿饼。做好的蒿饼看上去和青团一样，都是带有植物清香的纯天然绿色食品。

在南北各地，还有吃馓子、吃麻花的习俗。

馓子，读起来像“傻子”，吃起来却连最聪明的人都要竖起大拇指。这种古时称作“寒具”、香脆精致的油炸食品，味道好极了！

清明时节，最为鲜肥的食物当属还未繁殖的豆田螺。有人曾说：清明螺，抵只鹅。足见其美味与营养，据说它还有明目的功效呢！

此外，还有什么茶叶蛋、夹心饼、清明粽、干粥……真是馋死人啊！

三月三

又是一年三月三，风筝飞满天。

草长莺飞，与清明临近的农历三月三，是一个有多重身份的日子。它是汉族与许多少数民族的节日，“二月二，龙抬头；三月三，生轩辕”。相传，三月三是黄帝的生日。纪念黄帝的活动从古至今，绵延不绝。

同时，这一天还是道教中真武大帝的寿诞日。这位道教中主管军事与战争的正神，也要来凑下热闹。全国各地的著名道观，

风筝

选自《清俗纪闻》，中川忠英辑，石崎融思绘。风筝起源于中国，有求吉求福、消灾免难、祈求长寿等寓意。《韩非子·外储说左》记载：墨子为木鸢，三年而成，一日而败。木鸢便是风筝的雏形，之后鲁班又用竹篾做木鸢，蔡伦改进造纸术后开始用纸做风筝。风筝最初用于军事需要，如传递信息、进行侦探、携带火药等。宋朝时，放风筝成为了人们喜爱的娱乐活动，《清明上河图》《百子图》中都有放风筝的景象。

都要在这一天举行盛大的法会，以兹纪念。

巧的是，传说中三月三这天还是天上王母娘娘开蟠桃会的日子。清人曾作诗云：“三月初三春正长，蟠桃宫里看烧香。沿河一带风微起，十丈红尘匝（zā）地扬。”看来，不仅是孙大圣，后来人对蟠桃会同样很是向往啊！

还有一种说法，三月三也是传统鬼节之一，虽不及农历七月半那般著名，但也有许多人选择在这一天祭奠亡灵。

在壮族地区，三月三可是重大的节日，刘三姐对山歌的故事广为流传。另外侗族、瑶族、土家族等各族，都在这一天载歌载舞、热热闹闹地进行各种文化活动，为美丽多元的三月三增添亮丽的色彩。

养生

古人云：春不食肝。

清明时节，要对肝脏进补，这算得上是基本常识了。那究竟该怎样养肝呢？别急，我们的老祖先早就为我们研究得妥妥的，我们只要照着做就行了。

脾气暴躁者，要多吃青菜。遇事容易着急上火、睡不好觉、嘴角烂、口腔溃疡等症状属于肝热，应该多吃些芹菜、韭菜等绿色蔬菜。

性格沉闷者，要多吃枸杞。这些人性格内向，看似随和，弄不好会有抑郁倾向，属于肝阴不足，不爱吃动物肝脏的，可以多吃枸杞。

中年女性，要多吃花。这个年龄段的女性，上有老下有小，即将步入大妈的行列，家庭与工作的担子都很重，心情容易不好，易造成肝气郁滞。多用各种花类来煮粥、沏茶，就是疏理肝气的好招儿。

传说

提到寒食节，必然要提起介子推。

春秋时期，晋国发生宫廷内乱。为了躲避毒手，晋献公之子公子重耳不得已踏上了流亡之路。

这一路走得凄惶，走得落魄。跟随重耳出逃的家臣，见前途未卜，纷纷找借口溜走了。人情冷暖，让重耳很难过，自己待他们不薄，大难来时，这些平日里围着自己嘘寒问暖的人却溜得这么快。

不过，重耳也有欣慰之处。因为他知道，走的都是只能锦上添花的假朋友。剩下的，才是雪中送炭、可以与自己共患难的真挚交。介子推，就是为数不多的留下来的人，他对重耳可谓忠心不二。有一次，重耳饿得昏了过去，危急时刻，介子推毫不犹豫地从自己腿上割下一块肉，和采来的野菜一起煮成汤给重耳喝。

颠沛流离了十九年，重耳苦尽甘来，回到晋国做了一国之主，成为赫赫有名的晋文公。成就一番霸业后，晋文公开始对同甘共苦的老臣们大加封赏，可他却忘了恩人介子推。在其他大臣的提醒下，晋文公如梦方醒，大呼惭愧，急忙派人去请介子推。

可是，连请数次，介子推就是不来。介子推不是耍大牌，而是他本来就是一个低调的人。他觉得自己只是做了一点分内的小事而已。

于是，晋文公只得亲自去请。可当他来到介子推家时，才得

割股啖君

选自《新列国志》，明，余邵鱼撰，冯梦龙改编，金阊叶敬池刻，天启年间刊本。介子推，一作介之推，又称介子、介推，晋文公重耳的辅臣。骊姬之乱后，介子推跟随重耳出逃。十九年后重耳返国，介子推归隐乡间。《韩诗外传》记载，重耳逃入卫国国境时，头须偷了重耳所有的财物和食物逃入深山。重耳无粮，饥饿难行，介子推毅然割下自己大腿上的肉供养重耳。这就是"割股奉君"的故事。

知介子推已经背着老母亲躲到绵山里去了。晋文公下令搜山，他的倔劲儿也上来了：一定要给恩人一个交代。

绵山山高林密，不好寻找。这时有个自以为聪明的人，出了个馊主意：放火烧山，这样介子推一定会自己乖乖走出来的。情急之下，晋文公一时糊涂，下令烧山。谁料想，大火烧了三天三夜，却始终没有看到介子推走出来的身影。

晋文公有点慌了，一种不祥的预感涌上心头，他急忙再次上山寻找。不看则已，一看之下，晋文公顿时泪如雨下。眼前是一副感人至深的场景：介子推与老母亲死死环抱着一棵烧焦的大柳树，已经死去多时了。在大柳树下的树洞里，介子推还给晋文公留下了一封劝谏他励精图治的血书。

耿直忠正的介子推，施恩不图报的介子推！

晋文公大哭一场，厚葬了介子推母子俩。为纪念介子推，将“绵山”改为“介山”，将放火烧山的这一天命名为“寒食节”，要求全国上下只吃寒食，勿动烟火。

清清朗朗的介子推，让人感动。千年后再读这段传奇，只恨烧山那一天上苍未落一场雨。

结语

或许是为了补偿，后来的清明节，真的和雨有无法言传的默契。最后，还是让我们顺着牧童的手指，再读一读杜牧那脍炙人口的《清明》吧！

清明时节雨纷纷，路上行人欲断魂。

借问酒家何处有？牧童遥指杏花村。

谷雨

时间：公历4月19至21日之间。

寓意：三月中，自雨水后，土膏脉动，今又雨其谷于水也。

●来历

当太阳来到黄经30°时，雨生百谷。

在春日的最后一个节气里，孕育万物生长的大地，再次对雨充满了渴望。

在牡丹待放、油菜花香的南方，寒潮逐渐结束，气候越来越温暖，谷物们也进入茁壮生长期。雨，又成了敏感的话题。

一年当中的第一场大雨，往往始于谷雨时节。

趁着阴雨霏霏、连绵不断，农谚说得好：谷雨前，好种棉；谚语还说：谷雨不种花，心头像蟹爬。那就抓紧干农活吧，心头爬蟹的滋味可不好受哟。不仅是棉花，水稻和玉米也都在期待啊。

还有谚语说：花木管时令，鸟鸣报农时。动植物们规律性很强的举动，是区分时令节气的重要依据。

谷雨的三候是：一候萍始生，二候鸣鸠拂其羽，三候戴胜降于桑。

这是一派喜人的暮春景象：一候时，水中的浮萍出现，春江水暖，湖中的景色开始变得迷人；二候时，作为谷雨时节形象代言人的布谷鸟用提醒人们布谷的叫声，当仁不让地出现在人们的视野；三候时，桑树上开始出现戴胜鸟。这恰似戴着凤冠的小鸟，可不简单啊，当害虫们唱着“我们是害虫”爬出来时，歌声却突

戴胜鸟

选自《禽谱》，日本，伊藤绘。戴胜鸟性格温和，不怕人，喜欢在树洞和石缝中建巢。它们用嘴翻动泥土来寻找食物，主要觅食各种昆虫、蠕虫和幼虫，是有名的食虫鸟。遇到敌害时，戴胜鸟能从尾脂腺分泌一种极臭的黑褐色油状液体。在中国文化中，戴胜鸟象征着祥和、美满和快乐，古人写有许多赞美戴胜鸟的诗词。

然变成了悲惨的哀叫。那是因为，它们遇到了正义的戴胜鸟！

谷雨时的花信风候是：一候牡丹，二候酴糜，三候楝花。

牡丹花开，国色天香。地处黄河流域的洛阳，正是牡丹最钟爱之地。

• 风俗

谷雨茶

曾有诗云：诗写梅花月，茶煎谷雨春。

谷雨茶，也叫雨前茶、二春茶，极受茶客们的追捧。人们之所以对谷雨时节所采之茶情有独钟，是因为谷雨时节雨量、气温都非常适宜茶叶生长。据南方的茶农说，用谷雨这天上午采的新鲜茶叶制成的干茶，才是真正的谷雨茶。

更讲究的是，谷雨茶还分一芽一嫩叶组成的旗枪和一芽两嫩叶组成的、像鸟舌头的雀舌。旗枪和雀舌都是茶的佳品，口感舒适，鲜香怡人。

传说喝了谷雨茶，可以清火、明目，有病治病，无病防病。这还可以相信，但更夸张的是说谷雨茶可让死人复活！这个说法嘛，大家就在品尝飘香的清茶时一笑了之吧。难怪有消息称，有人正建议将谷雨这天作为“全民饮茶日”呢！

南方品茶，北方呢，则流行在谷雨时吃香椿。

“雨前香椿嫩如丝”，怎么样？听起来就让人有胃口吧？据说，这时的香椿同样可以提高免疫力，还附加止泻、健胃、消炎等功效，食疗的功效一点不逊色啊。

茶花

选自《瓶史·草木备考》，日本，大村纯道著。传说，茶是神农氏发现的。《神农本草经》中记载：神农尝百草，日遇七十二毒，得茶而解之。茶最初只是药用，西汉后期至三国时期成为宫廷饮品，唐宋时期盛行。在明代以前，喝茶是将茶汤连带茶末一起喝下去的。明以后，饮茶的方法才改为当今的饮茶方法。

牡丹

古代版画。《镜花缘》中详细描写了武则天与牡丹的故事。武则天醉酒，诏令上林苑内百花齐放。恰巧百花仙子不在百花洞中，众花仙子惧怕责罚奉命而行。唯有牡丹仙子到处寻找百花仙子，以至误了时辰。武后大怒，命人用火烤牡丹植株，牡丹仙子也只得从命。但武后气恼牡丹花不按时开放，命人拔了上林苑中所有牡丹，并将牡丹贬至洛阳。

赏牡丹

谷雨不仅在动物界有“布谷鸟”这个代言动物，在植物界，还有一个代言花——谷雨花。

如果你觉得这个名字陌生，那它的另一个名字，你想不知道都不行，它就是国色天香、华贵雍容的牡丹！

“谷雨过三天，园里看牡丹。”大气的牡丹，配上明媚的春光，真是相得益彰。

自古至今，古都洛阳、山东菏泽、四川彭州等地，常在谷雨前后举行盛大的牡丹花会，成为当地的一大盛事。万人争拥，只为一睹牡丹之风采。

祭仓颉

在陕西省白水县，谷雨祭文祖仓颉可是大事，这个传统自汉代流传下来。由此来看，仓颉和谷雨好像关系颇深啊。

而在西北地区，生活在这个易旱少雨之地的人们，则将谷雨时的水封为圣水。他们甚至将此时的河水称为桃花水，并相信用此时的河水来洗浴可以消灾避祸。到了这一天，人们不仅要洗澡，还载歌载舞，骑马打猎，好不热闹。

禁蝎

在山东及西北一带，还存在着另一种风格的有趣风俗。

人们在谷雨时渴盼雨水，却不希望五毒进入高繁殖期。很不幸，蝎子成了这一类虫害的形象代言人。于是，“禁蝎”就成了一项颇有传统的古老习俗。

到了谷雨这天，农家人不仅拿着喷壶去田地除虫，还要在家里四处张贴“谷雨贴”。

谷雨贴，其实就是一种年画。上面常常画着蝎子遇到各种天敌（比如神鸡或是道教张天师）时的惨象，旁边还要写上“太上老君如律令，谷雨三月中，蛇蝎永不生”、“三月中，单斩蝎子精”等文字，不过这些文字看去上更像是咒语。

只是惨了这蝎子，不仅在《西游记》里被孙悟空请来的大公鸡昴日星官修理了一次，每逢谷雨，还要继续被修理。

祭海

对于沿海的渔民们，他们在谷雨这天，也有事要做。

从清朝道光年间开始，谷雨节这天就成了渔民节。因为到了谷雨时节，鱼儿们开始接近浅水区，这可是出海的好日子！

天后庙

选自《清俗纪闻》，中川忠英辑，石崎融思绘。妈祖，海神，又称天后、天后娘娘、天上圣母天妃、天妃娘娘等。一般认为妈祖是被神化了的历史人物，她原名林默娘，福建湄洲人。传说，林默娘天生异禀，十三岁时遇到一个方士尽授毕生所学，故而能够预知未来，救死扶伤。她常乘着一张苇席往来海上，拯救落水、溺水之人，于是人们便尊她为海神，建庙纪念。

同农家人一样，渔家人也懂得感恩与敬畏，他们也有自己要祭拜的神祇。

这一天，渔民们要抬着供品，敲敲打打、鞭炮齐鸣地去海神庙或者娘娘庙，有时甚至直接去海边，举行隆重的海祭。

渔行准备的祭品中，有用腔血抹红且去了烙皮的大肥猪一头、十个热腾腾的白面香饽饽、鞭炮、香纸，等等。渔民自己准备的海祭品，就用不着铺张地弄一整只猪了，弄个猪头或者弄个猪头形状的饽饽就可以啦。不是有心糊弄海神，而是诚意表达到了，就可以壮行喽。

当然，东西可不能白吃，仪式完毕后，海神就有责任保佑渔民们平安顺利地打鱼。渔民们也仿佛真的得到了海神的承诺，精神抖擞地扬帆出海了。

“骑着谷雨上网场”，他们相信，一定会满载而归。

爬坡节

谷雨时，黔东南凯里地区的苗族青年男女们，要进行期盼已久的爬坡节。因为这是苗族特有的、具有浪漫气息的情人节。

这一天，男方要到女方寨子里的某处去爬坡。约定的山坡上人头攒动，一张张年轻的脸庞洋溢着节日的喜悦，青年男女们或对歌，或吹笙，或踩鼓，尽情挥洒着自己的青春，展示着自己的魅力。

作为东道主的女孩子们，则会大大方方地拿出早就准备好的糯米饭和丰盛的菜肴，热情地款待男方。

如果哪个男孩儿与一个女孩儿一见钟情，就可以在聚会结束后继续甜蜜的爱情。男孩儿与女孩儿交换定亲信物，与女孩儿的父母见面，晚上留宿在女孩儿家中，第二天依依惜别。

从此，世上又多了一桩美满的姻缘。

养生

谷雨时要尽量避免淋雨。此时虽是春天最后一个节气，但气温还较低，淋了雨容易感冒啊。谷雨时预防疾病的重点在于祛湿，有风湿性关节炎的患者，要小心提防了。建议多吃些海带、豆芽、竹笋、鲫鱼等食物，这有利于排出身体内的湿热之气。

谷雨时节要抓紧时间调理肝血，但进补时要平补，以防春火滋生。枸杞可以养肝明目，何首乌可以滋阴养血，这些可以多吃。少吃海虾、羊肉、辣椒等大辛大热之物，至于为什么不能吃嘛，我要说的是，除非你想火上浇油啊！

这时候，外面天气还不错，可以出去钓钓鱼、跑跑步，喜欢静坐冥想的朋友也可以多到户外坐坐。总之，要保持心情舒畅。

传说

在民间，谷雨的来历和造字的仓颉有关。

大约四千年前，当时的华夏民族还没有文字，需要记个日记，或者大事小情的，该怎么办呢？轩辕黄帝身边的左史官仓颉，就负责这个事。

当时的传统办法是：利用形状各异的贝壳和不同的绳结，来代表不同的事。可是这方法事少时还可以凑合着用，事一多，仓颉可就犯愁了，这贝壳可有点供不应求啊！

有一次，仓颉和老猎人聊天，老猎人给他讲不同野兽的脚印有什么不同。仓颉突然就明白了一个道理：符号，可以代表某种事物！

之后，仓颉用了数年的时间，潜心研究这门学问。据说，他为了画图形，把附近的树枝都用光了。

功夫不负有心人，仓颉终于造出了文字，大大推动了中国文明的发展。

仓颉的苦心，连天上的玉帝都感动了。他觉得自己应该表彰一下仓颉，就在仓颉的梦中，送给他一个金人。哪料想，仓颉对金人并没有什么兴趣。

仓颉

选自《古今君臣图鉴》，明，潘峦编绘，明万历十二年益藩阴刻本。传说，仓颉原姓侯冈（一说姓风），名颉，号史皇氏，是中国氏族联盟时期史皇仓颉氏政权的首领。他是中国原始象形文字的创造者，中国官吏制度及姓氏的草创人之一，被后人尊为中华文字始祖。但仓颉一人创造文字只是传说，中国的文字早在仓颉以前数千年就已经诞生了，仓颉可能是汉字的整理者。有关仓颉的史料，最早见于战国时期的《荀子》：故好书者众矣，而仓颉独传者，一也。而《吕氏春秋》和《韩非子》却将其引申为“仓颉作书”，《淮南子》和《论衡》又以“仓颉四目”对其进行了神化。《春秋元命苞》又说仓颉“生而能书，又受河图录书，于是穷天地之变，仰视奎星圜曲之势，俯察鱼文鸟羽，山川指掌，而创文字”。

玉帝纳闷，仓颉想要什么呢？终于，他在仓颉的梦中弄明白了，原来仓颉最惦念的，是天下的老百姓都能吃饱饭，不再挨饿。

玉帝一打听，敢情现在人间正闹灾荒，许多人都快要无法糊口了。玉帝知道仓颉人格高贵，更加感慨。对玉帝来说，解决这事纯属小事一桩嘛，下点谷子雨好啦！

望着天上掉下来的比馅饼还珍贵的谷子雨，得救的人们欢呼雀跃。

仓颉死后，心怀感激的百姓，就把缅怀仓颉的日子，定在下谷子雨的那一天，简称“谷雨”。每年的谷雨，各地的仓颉庙都要迎接来自四面八方的人，这表现了一个民族的谢意。

谷雨和仓颉的故事感天动地，而谷雨和牡丹的故事却无比凄美。

从前有一位水性极好的青年，因为生日在谷雨，所以父母干脆给他起名“谷雨”。他曾经在发洪水时，不顾生命危险，救了一株美艳无双、即将被洪水吞没的牡丹花。之后，他把这株美丽的牡丹种在了百花园，并请了养花能手赵老汉精心看护。

两年后，谷雨的母亲突然得了重病，卧床不起，吃了许多药也无济于事。谷雨看在眼里，急在心头。本来就很贫寒的家，现在更是家徒四壁了。

这天，谷雨刚要再出门去借钱买药，却从门外迎面走来一个女子。女子笑容灿烂，红衣红裙红脸蛋，鬓角还插着一支绯红的花朵，美得就像画中的仙子。她自称是家住东村的丹凤，世代行医，听闻大娘病重，特来送药。

说来也怪，吃完姑娘煎好的药，大娘的病顿时好了许多。憨厚的谷雨呆站在一旁，不知该怎么感谢人家。红衣姑娘笑了笑，翩然离去。

一连数天，丹风天天都来送药，大娘的身体一天比一天好，谷雨也不再拘束，和丹风像兄妹一样唠着家常。

可是，大娘病愈之后，姑娘就再也没有来过。母子俩都很挂念丹风姑娘，尤其是谷雨，因为他已经喜欢上这位美丽而又善良的女孩子了。

谷雨决定去寻找丹风。可东村没有，附近的村庄也没有，谷雨异常失落，以后再也见不到她了吗？当他经过百花园时，无意中听到了那熟悉的笑声，他猛然惊醒，那就是丹风的声音！

他激动地跑进园内，最后神奇地发现，丹风原来就是那株美丽的牡丹花。这一次，谷雨决心不再让幸福溜走，便将此事告诉了母亲，还与母亲商定了娶丹风过门的日期。

母子俩沉浸在美好的期待中，可是有天深夜，丹风却突然不期而至。她眼中含泪，脸上有伤痕，衣裙也很零乱，整个人看上去都很慌张、很憔悴。

母子俩急忙拉着丹风，询问事情经过。原来，丹风和她的牡丹姐妹正遭受大难，遇到了仇人的威胁。这个仇人是大山头上的秃鹰，秃鹰无恶不作，涂炭生灵，最近这个妖怪得了一种怪病。为了医病，秃鹰不惜伤害无辜，他竟然强逼着丹风姐妹上山，用她们的血作药引，来酿造花蕊丹酒为他医病。众牡丹不从，秃鹰就派兵来抢！

丹风自知这一去凶多吉少，耗尽鲜血后她也再难成仙了，但她放不下谷雨哥哥和大娘，于是来和他们作最后的道别。

听到丹风的哭诉后，谷雨心如刀绞。此时，外面突然雷电交加，并传来恶魔凄厉的叫声。秃鹰的手下追来了！为了不连累谷雨母子，丹风把心一横，挣脱母子俩的阻拦，跟着妖怪们走了。

幸福转眼成空，母子俩的生活顿时跌入无边的黑暗中。大娘的眼睛不久后哭瞎了，百花园中的牡丹也枯萎了。

谷雨擦干眼泪，勇敢地站起身来，拿起斧头。他只有一个选择：拼，也要救回自己心爱的人！

他历经辗转，终于来到了大山头，找到了秃鹰与小妖们藏身的洞穴。他偷偷溜进去，找到了拒不酿酒而被关押着的丹风等人。

经过商量，大家订下一条妙计。牡丹仙子们假意向妖怪妥协，说她们愿意以血酿酒并真的酿了两坛酒，一坛给秃鹰，一坛给小妖。秃鹰与小妖们争先恐后地喝了下去。

没一会，它们感觉头重脚轻，这才发现上了当。

谷雨与众花仙趁机反击，秃鹰被打倒在地，小妖们也被杀得七零八落。谷雨拉着丹风冲向洞口，越来越近了，光明与幸福越来越近了！

突然，谷雨猛地停了下来。丹风转头一看，花容失色，竟是一只飞剑穿透了谷雨的身体！秃鹰还没有死！

丹风转身杀死秃鹰，抱着谷雨渐渐冰凉的身体，悲痛欲绝。谷雨含笑而逝，他救出了心爱的姑娘，死而无憾了。

谷雨死的那一天，恰恰也是谷雨。从此，牡丹仙子们每逢谷雨到来时，就竞相开放。

结语

当我们沉浸在宋人朱槔曼妙的诗句“明朝知谷雨，无策禁花风”中的时候，有谁想到，华丽妖娆的牡丹花背后，竟还藏着这样悲情的传奇呢。

夏

立夏

小满

芒种

夏至

小暑

大暑

立夏

时间：公历5月5或6日。

寓意：立，建始也，夏，假也，物至此时皆假大也。

● 来历

从这个节气开始，我们要告别春天了。

虽然我国东北和西北地区刚刚春意盎然，但当太阳一刻也不停歇地来到黄经45° 时，我国南方的一些地区已经率先进入夏季，春天时播种的植物，也已经直立长大了。大江南北，一派早稻插秧的繁忙景象，“多插立夏秧，谷子收满仓”嘛！正如明代古籍《莲生八戕》中写的：孟夏之日，天地始交，万物并秀。

进入立夏后，天气渐转炎热，雷雨愈加频繁，如果此时雨量稀少，老天可就不成人之美喽，农谚说得好：“立夏不下，犁耙高挂”“立夏无雨，碓头无米”。

而此时的田地，除了农作物进入生长旺季外，杂草也要进入疯长期。“立夏三天遍地锄”“一天不锄草，三天锄不了”，草儿们，你们太强了！

立夏，是夏收作物的生长后期，特别是茶树，稍一疏忽，茶叶就会老化，正所谓“谷雨很少摘，立夏摘不辍”。

立夏的三候是：蝼蝈鸣，蚯蚓出，王瓜生。

这是一幅动感十足的画面，静听可以听到蝼蝈在田间聒噪（一说是蛙声），低头可以看到蚯蚓在泥土里出没，抬头又可以看到王瓜的藤蔓正在快速地攀爬。

插苗

选自《清俗纪闻》，中川忠英辑，石崎融思绘。

割稻

选自《清俗纪闻》，中川忠英辑，石崎融思绘。

大地上面朝黄土背朝天的农家人，你们站直身子擦拭额头的汗水时，是否曾注意到大自然这美好的瞬间？

● 风俗

迎夏

在古代，立夏这天可是重要的一天。

帝王们要和立春时一样，率领文武百官到京城南郊去迎夏。迎春时到东边，迎夏时则到南边，四季转换，帝王们这方向感也跟着转。

隆重的仪式上，帝王们要身穿朱色礼服，佩朱色玉佩，什么马匹、旗帜，统统都是朱红色。这朱红色的衣服可不白穿，它象征着幸福，象征着希望，象征着对丰收的祈盼，还象征着……反正全是褒义词啊。

立夏这天皇宫里的重头戏，是赐冰。大热天的，文武大臣们陪着皇帝，在太阳底下晒了半天，现在早已是全身淌汗了。谁不想来根凉冰冰的冰棒呢？虽然当时没有冰棒，但是有冰块啊！

这冰块哪来的？原来冰块头年冬天就已经贮存在阴处了，就是为着立夏这天拿出来给皇帝和大臣们解渴纳凉。

炎炎烈日下，抱着冰块的感觉，皇帝和我们普通人的感觉是一样的：真爽啊！

此处热热闹闹，而另一处，却显得多愁善感。在诗情画意的江南一带，立夏日这天，因为春天的离去，人们往往也开始伤起春来。备上酒席，把酒言欢，名为“饯春”，即送别春天之意。

称人

在我国民间，到了立夏，最流行的习俗，是称重。

日子一到，村里的老少爷们儿就齐刷刷地聚集到村口或台门里，他们眼前的横梁上，挂着一杆大木秤。大人孩子们虽急不可耐，却也只能排着队地来称体重。

大人称重，只要双手拉住秤钩，双脚离地就可以了。小孩子没那么大手劲，就只能借助箩筐或板凳了。

称重时还有个专门的司秤人，他是当时最忙的人。因为他一边打秤花，嘴还不能闲着，还要一边说些吉利话。遇到未出阁的大姑娘，他就说：“一百零五斤，员外人家找上门”；遇到小孩子就说：“秤花一打二十三，小官人长大会出山。七品县官勿犯难，三公九卿也好攀”；遇到老人就说：“一百零五斤，秤花八十七，活到九十一”！

据说，这一天称重后，整整一夏，人们都不再惧怕炎热，不会消瘦。如果没秤上体重，没准儿就疾病缠身了。如果过完夏天体重增加，叫“发福”；如果体重降了，就叫“消肉”。

“立夏秤人轻重数，秤悬梁上笑喧闺。”立夏称的是体重，更是心情。

当然喽，小朋友要记住，称完重后，千万不能坐石阶或坐门槛。万一坐上或踩上，那可就惹上麻烦了，必须要连坐七道才可解。如若不然，会有老奶奶来吓唬人了：“大灰狼虽然不把你叼走，但你这一年都会有病没劲儿哟！”

斗蛋

俗话说：立夏胸挂蛋，孩子不疰（zhù）夏。

疰夏，指的是夏天人容易疲劳厌食，会变瘦，小孩子们尤其易疰夏。蛋形如心，人们便认为吃蛋能补心，夏日里就不会没有精气神。

可这蛋小朋友们光是吃来吃去的，该有多无趣。于是，渐渐出现了一个立夏时的习俗：斗蛋。比起清明时的碰蛋，立春小朋友之间的斗蛋，场面要大许多。

一到立夏日，小朋友们便三五成群地聚在一起，手上系着用五色丝线制成的“立夏绳”，脖子上挂着早已装好鸡蛋的丝网袋，互相挑战。

作为小朋友们的终极武器，煮好后的蛋绝不能破皮，拿出门之前还要用冷水浸泡。比赛的规矩更是有讲究，蛋的尖部为头，圆部为尾，比赛时头碰头，尾击尾，公平得很。一路杀过去，如果谁的蛋头能像弹头一样，将对手的蛋挨个击破，谁就是当场比赛的第一名。人光荣，连蛋都有荣誉称号：大王。而碰蛋尾的优胜者，为当场比赛的第二名，蛋被封为“小王”或“二王”。

食俗

既然人们都害怕苦夏，怕变得瘦弱乏力，那么立夏时节，对于吃货们来说，当然要了解吃东西的学问喽。

传说，吃蛋拄心，吃笋拄腿，吃豌豆拄眼，秤人拄身。拄，即“支撑”之意。

在古代，母亲要在立夏日为女孩子穿耳。可这一点麻药没有，女儿耳疼，母亲也心疼啊！别着急，当母亲的有办法：哄孩子吃茶叶蛋。

趁着小姑娘张嘴咬蛋时，母亲一针扎穿。这蛋的作用可不小，既补心，也补心疼啊。

旧时立夏，要吃“立夏饭”，其实是“立夏套餐”。饭是五色饭，是用赤、黄、青、绿、黑五色豆子加白粳米煮成的，后来渐演变成倭豆肉煮白粳米。至于菜嘛，就是苋菜黄鱼羹，这就是色香味俱全的“立夏饭”了！

有“立夏饭”，还有“立夏蛋”。所谓“立夏蛋”，就是用红茶或胡桃壳同煮而成的蛋。

无锡人过立夏，有“尝三鲜”的喜好。这三鲜嘛，就是地三鲜、树三鲜、水三鲜。有的地区还要吃霉豆腐，会不会倒霉？恰恰相反，吃霉豆腐就是为了防止倒霉！

苏州则有立夏“尝三新”的习俗，三新分别是青梅、麦子、樱桃。

在宁波一带，这一天要吃“脚骨笋”。这是把长三四寸的乌笋直接扔到锅里煮，并不剖开，然后挑两根粗细差不多的笋一口吃下，据说吃后可使人“脚骨健”。

除了吃笋，还要吃软菜，俗称“君踏菜”。据说吃了君踏菜，皮肤就会像软菜一样光滑无比，整个夏天都不会起那惹人厌的痱子。

湖南长沙地区则流行“吃了立夏羹，麻石踩成坑”，“立夏吃个团(音为“坨”)，一脚跨过河”。那这“立夏羹”究竟是什么呢？其实就是湖南人用糯米粉拌鼠曲草做成的汤丸。

接下来，还有“七家茶”与“七家粥”。

七家茶，当然要将左邻右舍家里烘焙好的茶叶都用上喽，将各家的茶叶混合后烹煮或泡成一大壶茶，大家一起品。

七家粥，就是你拿豆，我拿米，他拿黄糖，凑在一起吃大锅粥。这么吃不是因为这饭有多好吃，而是因为这是一个很重要的联谊活动。吃完七家粥，邻里和和气气，干活儿也心无旁骛啊！

此外，江南人爱吃乌米饭，江西一带立夏饮茶，上海郊县立夏日吃“麦蚕”，福建闽东地区吃“光饼”，闽南地区则吃“虾面”（在面条中掺入虾煮食）。

立夏的食品，还真是多种多样啊！

养生

进入初夏，随着新陈代谢的加快，人容易出现供血不足、烦躁不安等症状。如果不想苦夏的话，打这时起就要多注意休息，多补充营养了。

大热天的，人的食欲也跟着受影响。很多人喜欢在凉风习习的晚上吃点烧烤，不过大家都知道，烧烤吃多了里面的致癌物就该折腾喽。这里有个贴心小建议哟，吃完烧烤最好再吃个梨。不仅爽口防便秘，还能大大降低体内的致癌物呢。

在生活起居方面，人也要适应天时，有所改变。现在的最佳作息方式，是晚睡早起，再用午睡来补觉。

平时呢，就不要常做易出汗的运动了，写写字、画些画、下下棋、弹弹琴，很陶冶情操啊。

传说

有两个关于立夏称重的传说，这两个传说有一个共同点，都和刘阿斗有关。

第一个传说是这样的：南方的孟获被诸葛亮七擒七纵收服后，对诸葛亮佩服得是五体投地。孔明临终前唯一放心不下的人，就是先主刘备的宝贝儿子：阿斗。

于是孔明嘱咐孟获，以后每年的这一天都要来拜见皇帝，孟获牢记心头。这一天，恰好是立夏。从此每年的这一天，孟获都千里迢迢地从边远的南方赶来拜见。

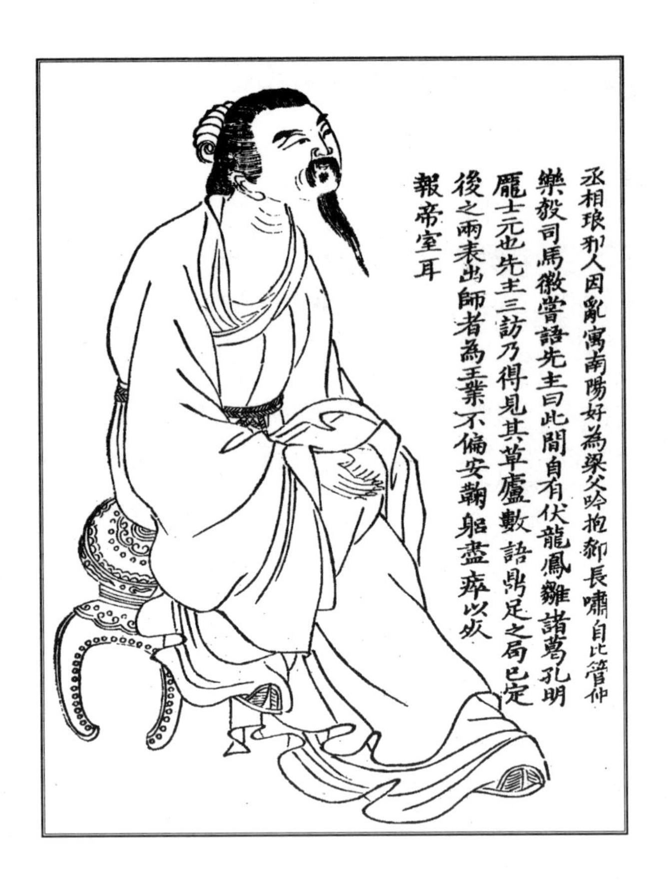

汉丞相诸葛武侯

选自《无双谱》，清，金古良绘，朱圭刻，清康熙三十三年（1694）刊。诸葛亮，字孔明，号卧龙（也作伏龙），琅琊阳都（今山东临沂市沂南县）人，蜀汉丞相，杰出的政治家、军事家、发明家、文学家，被誉为“千古良相”之典范。诸葛亮受刘备三顾之礼，提出《隆中对》，策动孙刘联盟，由于在赤壁之战中大破曹操，奠定三国鼎立的基础。蜀汉建立后，诸葛亮被拜为丞相。为完成统一中原、复兴汉室的大业，他先后五次进攻魏国。他还推演兵法，作“八阵图”，造损益连弩、木牛流马，与司马懿、张郃等交锋。最后一次北伐时，他采取分兵屯田之策，与司马懿大军相持百余日，后因积劳成疾而逝世，享年五十四岁。诸葛亮的代表作有《前出师表》《后出师表》《诫子书》等。

谁料想，数年后，魏国大兵犯境，蜀国灭亡，阿斗做了俘虏，被押往洛阳。世事变迁，但孟获痴心不改，每年立夏日都排除一切困难，来洛阳看望阿斗。

现在孟获还多了一样事：每年立夏日，都要在洛阳为阿斗称一次体重。他这么做，是尊故人所托，怕阿斗受了委屈。为了避免阿斗遭遇不测，孟获扬言：如果阿斗受到刁难，他立刻就会起兵造反！

对于这位只认孔明，对阿斗爱屋及乌的野蛮酋长，魏国（后来的晋国）还真不敢轻易得罪，只能尽力拉拢安抚。为了迁就孟获，魏国大厨们想了个好办法：临近立夏时，给阿斗吃又糯又香的豌豆糯米饭！

阿斗果然是吃货中的高手，一见此饭，胃口大开，饭量成倍增加。上秤一称，体重不但没降，还比往年重了几斤。

孟获见状大喜，心里一块石头落了地，放心离去。阿斗呢，则没心没肺、悠哉游哉地得以善终。

第二个传说是这样：刘备死后，诸葛亮的担子一下子重起来，没有过多的精力照顾刘备的儿子：阿斗。怎么办呢？诸葛亮有办法：将阿斗送到已回江东的孙夫人那里去。孙夫人虽然是后妈，但对阿斗比亲妈还要好上三分。

送阿斗的光荣任务，交给了曾对婴儿阿斗有救命之恩的赵云赵子龙。赵子龙来到东吴，见到孙夫人。这一天，正好是立夏。

孙夫人高兴得不得了，为了向赵云保证自己不会亏待阿斗，孙夫人当场秤了阿斗的体重，并给诸葛亮写信。其意是：你们一定要记住阿斗的体重，待来年来看望他时再称。我可没想让阿斗

孙膑佯狂脱祸

选自《新镌陈眉公先生批评〈列国志〉传》，明余邵鱼撰，刘君裕、李青宇刻，明万历四十三年姑苏龚绍山刊本。孙膑，原名不详，因受过膑刑故名孙膑，孙武的后代，兵家代表人物。传说，孙膑与庞涓同拜鬼谷子为师，学习兵法。后来庞涓做了魏惠王的将军，他嫉妒孙膑的才能，暗中派人将孙膑请到魏国，捏造罪名将其处以膑刑（砍去双足）和黥（qíng）刑（在脸上刺字）。孙膑为了保全性命，装疯卖傻，庞涓把他关在猪圈，送酒食试他。孙膑将酒菜打翻，反而嚼食粪便。后来，孙斌被墨子的弟子禽滑厘所救，寄居齐相田忌门下，恰遇田忌与齐威王赌马，孙膑设计使田忌赢了齐威王，孙膑由此名声大振。

减肥，他来年的体重你们就瞧好吧，肯定还得长！

立夏称重的习俗，就此形成。

这两个故事中，我们不仅知道了立夏称重的源起，还了解了一件事：阿斗这孩子虽然扶不上墙，但人缘还真是很不错的嘛！

接下来的传说，是关于江南为何流行吃乌米饭。

孙膑和庞涓的恩怨，人尽皆知。本是要好的同学，同朝共事后庞涓却因为利益而对孙膑嫉妒日增，下决心要害死孙膑。

魏王听信庞涓的谗言，除去了孙膑的两只膝盖骨，让孙膑变成了残废，还把他投进了大狱。而孙膑还被蒙在鼓里，他觉得只有老同学庞涓是真正关心自己，还来狱中看望自己，于是决心写兵书报答他。

一天，看守的老狱卒无意中知道孙膑要给庞涓写兵书的事，知道内情的他不禁义愤填膺！当老狱卒将真相告知孙膑时，孙膑才如梦方醒。他悲痛万分，便装疯烧毁了兵书。庞涓气得要死，见孙膑没什么利用价值了，就把孙膑扔到了猪圈里。

孙膑现在只有继续装疯，才可能保住性命。可是，他会饿啊！在猪圈里，他要像疯子一样吃猪粪吗？

时值立夏，老狱卒同情孙膑，就将此事讲给了老伴，老伴马上想了一个好主意：用乌树叶子和着糯米煮好，再捏成小团子，一眼看去就跟猪粪的颜色、形状差不多。这样既可解饿保命，又可骗过庞涓的监视。这招还真灵，孙膑靠着这些饭团子，支撑到了被救出的那一天。

后来孙膑投奔齐国，领兵打败庞涓率领的魏军，射死了庞涓，给自己报了仇。孙膑没有忘记老狱卒一家的恩情，每逢立夏，他都要特意吃一顿乌树叶糯米团以表纪念。孙膑的才华与人品，让人们争相效仿，于是在立夏这一天，吃乌米饭渐成习俗。

有人说，吃完乌米饭，不仅饱肚子，还能驱蚊呢！

结语

“槐柳阴初密，帘栊暑尚微。”宋朝大诗人陆游在《立夏》中如是说。暑虽然尚微，但从各地的习俗中，我们已分明感受到众生对生活的火热态度。

小满

时间：公历5月20日至22日之间。

寓意：四月中，小满者，物致于此小得盈满。

●来历

每年到了这个时节，我国大部分地区都开始进入夏季，农民伯伯也进入了夏收、夏种、夏管的大忙时节。春播作物长得茂盛，秋收作物开始播种，而夏收作物则接近成熟。农民伯伯即将收获这一年第一批用汗水换来的果实！

谚语说：小满不满，麦有一险。意思是说：进入乳熟阶段的小麦，对虫害、干热风以及突如其来的极端天气，还无法完全的免疫，仍需要紧密地呵护。

小满的三候是这样的：一候苦菜秀，二候靡草死，三候麦秋至。

这意味着当太阳到达黄经60°时，苦菜，这种被李时珍称作“天香草”，又名“苦苣菜”“苦荬菜”的野菜，在小满时节终于迎来了自己的旺季，开始大着胆子枝繁叶茂了。小满对苦菜来说是好日子，对其他的植物来说倒不见得。这不，喜爱阴凉的细软草类，也就是所谓的靡草，就被晒得打蔫，甚至枯死了！而进入成熟期的麦子们，则个个挺直了腰板，等着被收割呢。

在南方地区，小满还有另一层含义。它预示着雨水的丰裕程度，体现了该地区降雨量的多少。小满后期，常常是各地防汛的关键时期。但如果这阶段雨量偏少，似乎也不是什么好事情。

“小满不下，黄梅偏少”，“小满无雨，芒种无水”。这也就是说，小满不下雨，为了农作物的收成着想，大家就做好求雨的准备吧！

防洪与抗旱，看似两个极端的现象，在小满时节，却都有发生的可能。

●风俗

抢水

农谚说：小满动三车。三车指的是：水车、油车和丝车。其中的水车，是农家人的重要灌溉工具。在旧时的江南乡间，经常会看到被蒙起双眼的水牛在转着圈地带动水车提水，或是人力踏车提水。

每到小满时节，浙江海宁一带的农户们，都会以村圩（wéi）为单位，早早相约，订好日子，举行非常隆重又有趣的“抢水”活动。

这一天，天刚蒙蒙亮，村落的宁静就被打破了，人们争先恐后地在水车基上燃起火把。手中忙着，嘴里也不停，早已准备好的麦糕、麦饼、麦团，吃得津津有味。忽然，耳畔响起清脆的锣鼓声！原来，这是担当执事人的年长者在为大家发信号！

闻得讯号，众人精神为之一振，各自敲击手中的农具以示应和，然后迅速踏上准备就绪的水车提水。多达数十辆的水车一齐踏动，场面颇为壮观。在人们的欢笑中，奔流的河水乖乖地被引入田渠中，不多时河浜的水就被抽得精光。

这喜庆又热闹的抢水，不再是辛苦的田间劳作，摇身一变，成了有趣的娱乐活动！

祭车神

水车既然这么重要，那么与水车相应的车神，在农村地区自然就很有市场。祭车神，实际上同抢水仪式一样，是农家人重视水车的另一种表达方式。

相传，水车的车神是一条白龙。

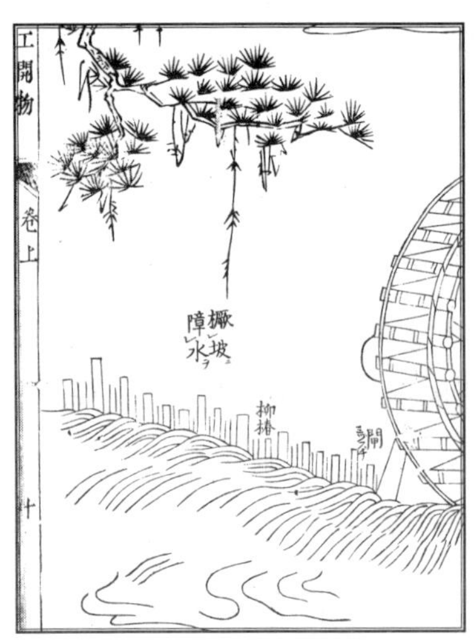

水车

选自《天工开物》，明，宋应星撰，日本刊本。水车，是古代劳动人民的灌溉工具之一。水车大约出现在东汉时期，唐宋时期出现以水力为动力的筒车，配合水池和连筒可以实现低水高送。元明时期，出现以牛、驴为驱动的水车。中国自古以农立国，水利灌溉是农业生产的重要环节，水车的发明大大节省了人力、物力和财力，为中国农业发展做出了很大的贡献。

每到小满时节，古老的祭车神活动便在一些农村地区如火如荼地展开了。人们不约而同地在水车基上摆好鱼肉，然后焚香点烛，进行虔诚的祭拜。祭车神，要是能突出水车的特点就好了。

别说，还真有与众不同之处。在众多的祭物中，一定要有一杯清水。祭拜时，这杯清水谁也不能动，一定要倒入田中。这是希望水车运转自如，希望田地永不缺水源浇灌，这样的寓意足够清楚了吧？

蚕神诞辰

在民间传说中，小满这一天，是蚕神的诞辰。

养蚕，对于北方人来说或许有些陌生。但对南方人，尤其是江浙一带的农家人来说，可是再熟悉不过的事情了，这可是他们勤劳致富的一大副业啊！所谓的“男耕女织”，就形象地描述了古时的美好生活画面。在北方，棉花是女织的主要原材料；而在南方，女织主要以蚕丝为主。

家蚕可谓浑身是宝，而蚕丝则需要靠养蚕结丝来获得。所以，养蚕在南方非常普遍。不过，养蚕可是个技术含量很高的活儿。蚕很娇贵，对生存环境要求很苛刻，温度、湿度、桑叶的冷热状态等都对蚕的生长有很大的影响。

既然养蚕难度如此之大，人们在辛苦之余，自然会梦想着能借助些超自然的力量将蚕养好。于是，“祈蚕节”应运而生。放蚕的大好时节——小满，就逐渐演变成了最适宜纪念蚕神的日子。

据说，清道光七年（1827），因为祈蚕节越过越隆重，江南盛泽丝业公所趁热打铁，兴建了先蚕祠。祠内专门盖了规格很高、带有包厢的大戏楼，可同时容纳万人同时观戏。小满前后三天，正是大戏楼大肆庆祝、热闹非凡的日子。为了起到广告效果，丝业公所慷慨出资，花重金聘请各大戏班登台助兴，演出各幕大戏。

不过话说回来，唱归唱，唱什么可得由丝业公所的董事长亲自敲定。有趣的是，丝业这一行为了讨吉利，对自己有点过于看重，对“丝”字有点过于敏感，凡是与丝字谐音的“死”“私”等字都不能出现，戏中更不能出现死人、私生子等戏文，只能唱皆大欢喜的大团圆剧目。

食苦菜

《周书》云：小满之日苦菜秀。

苦菜，其实我们大家都很熟悉。它遍布全国，医学名叫“败酱草”，陕西人叫它“苦麻菜”，宁夏人叫它“苦苦菜”。解放前的苦菜，更与劳苦大众有缘。有歌谣唱道：苦苦菜，带苦尝，虽逆口，胜空肠。而我们亲爱的红军，在长征途中更和它结下了不解之缘，靠着它充饥，度过了一次又一次险关。有歌谣为证：苦苦菜，花儿黄，又当野菜又当粮，红军吃了上战场，英勇杀敌打胜仗。

小满时日，正是采摘苦菜的好日子。《诗经》中说：采苦采苦，首阳之下。现在人们生活好了，苦麻菜则变成了纯绿色、无公害的乡间美食，人们细细咀嚼那一层苦味时，最多再加上点忆苦思甜的感觉。

不仅是苦菜，还有一些特产也会在小满时节与人相会。比如，台湾附近海域此时可捕获黑鲳或飞鱼。哦，对了，台湾地区的香蕉也到了丰收期哟！

养生

到了小满，夏天开始有点像样了，温度迅速爬高。人体消耗随之加大，体质虚弱者、老人与孩子对疾病的抵抗力也跟着下降，稍不注意就可能有损健康。

小满时节最简便的养生，就是要保证充足的睡眠。

吃的呢，要管住嘴，少吃好吃的，多吃些味苦的，能醒脑提神，祛除疲劳嘛。当然也要适度吃些瘦肉、蛋、奶、豆制品，以保证足够的营养。喝的呢，也要管住嘴，少喝好喝的饮料，多喝凉白开。生水是不能喝的，生冷东西更不能吃，初夏可是拉肚子的高峰季节。

另外，还要管住自己的身体，热了也要尽量不冲凉水澡。毛孔遇凉闭合，易引起脑供血不足，严重者还有可能休克呢。

小满时易犯的皮肤病是风疹，这种夏季病带给我们的痛苦，大家一定都晓得。如果你不想整天抓耳挠腮、上下其手，那还是早下手，多吃清淡，少吃辛辣。

得病后再想找偏方，晚了！恐怕只有那句经典的“挠挠”吧。

结语

小满时节，带给人更多的是感动与喜悦，北宋文豪欧阳修曾在《归田园四时乐春夏》中形象地描述了小满时节：

南风原头吹百草，草木丛深茅舍小。

麦穗初齐稚子娇，桑叶正肥蚕食饱。

如此说来，小满这个节气名称，在丰收与雨水之外是否还有着这样一层寓意：它代表着农家人小小的满足。

芒种

时间：公历6月6日左右。

寓意：五月节，谓有芒之种谷可稼种矣。

● 来历

芒种、芒种，忙着种。农家人一年当中最忙碌的时节，终于到来喽！

所谓芒种，“芒”是指麦类等有芒作物已然熟透，其成熟期短的特点决定了必须加紧抢收。“种”是指黍、稷、晚谷等有芒的夏播作物也到了播种的关键时刻。加到一起，的确够忙的。农家人都知道“春争日，夏争时”，放眼望去，长江流域“栽秧割麦两头忙”，华北流域“收麦种豆不让晌”。繁忙而紧张的景象真应了那句谚语：收麦如救火，龙口把粮夺。

螳螂

齐白石绘。螳螂，又称刀螂，肉食性益虫。在古希腊，因螳螂前臂举起的样子像祈祷的少女，人们又称之“祷告虫”。螳螂有保护色，动作灵敏，可以捕食四十多种害虫，如蝇、蚊、蝗、蛾、蝶、蛹、蟋蟀、蝉、飞蝗、螽等。南美洲和东南亚的个别种类还能攻击小鸟、蜥蜴、蛙等小动物。螳螂的寿命一般为6～8个月，没有头的螳螂能活十天左右。

各地对芒种节气，对农事的重要性都有很深刻的理解。陕甘宁等西北地区流传着“芒种忙忙种，夏至谷怀胎”，贵州流传着“芒种不种，再种无用”，山西则是“芒种芒种，样样都种”。这样热闹的场景，发生在太阳到达黄经75°时。

芒种的三候都和动物有关：一候螳螂生，二候鹏始鸣，三候反舌无声。

一候时，螳螂早在上一年秋天时所孵的卵，此时感受到阳气初现，终于按捺不住、破壳而出了。二候时，喜阴的伯劳鸟时常于枝头鸣叫。三候则很有趣，像故意作对一样，伯劳鸟叫得正欢时，平时擅长学习其它鸟叫的反舌鸟，则在阴气的影响下渐渐低

伯劳鸟

水彩画，彼得绘。伯劳鸟生性凶猛，有“雀中猛禽”之称，是重要的食虫鸟类。《太平御览·卷九百二十三》中记载，周宣王的大臣尹吉甫听信后妻的馋言，杀了前妻留下的儿子伯奇。伯奇的弟弟伯封作《黍离》之诗哀悼兄长，尹吉甫听后十分后悔，哀痛不已。有一天，尹吉甫出游，看到一只异鸟在桑树上悲哀地鸣叫。他认为这鸟是伯奇魂魄所化，就说：“伯奇劳乎？是吾子，栖吾舆；非吾子，飞勿居。”鸟儿飞到马车上，跟着尹吉甫回到家，然后停在井上对屋哀鸣。于是，尹吉甫拿起弓箭射杀了后妻。

调起来，变得不声不响了。

这时长江中下游区域大多开始进入梅雨季节，因此芒种时节的雨量，往往很充沛。适度的雨水，对水稻和棉花的生长大有裨益。而人们唯恐避之不及的高温，也伴随着雨水开始见缝插针地偷偷发威了。

气温的变化，对人们的日常生活也有很大的影响。人们体力消耗渐多，容易变得多汗、懒散。俗话说：芒种夏至天，走路要人牵；牵的要人拉，拉的要人推。

这就是说，“夏打盹”，离我们很近了！

●风俗

送花神

芒种时节，往往已进入农历五月。此时，百花已度过旺盛的花期，一时间群芳摇落，令人唏嘘不已，经常会引起人们无限的眷恋。为了寄托感激与期待之情，古时民间多在芒种日举行隆重的祭祀，为花神归位饯行。

不过，随着日久年深，此习俗渐已失传，但这美好的愿望，时常幻化成文人墨客笔下优美的文字，在人世间流传。《红楼梦》就曾生动描述过大观园中送别花神的仪式，那些水一样的女孩子，在芒种这一天送花神，有的用树枝柳条编成专门送花神上路的“轿马”，有的用绫锦纱罗叠成更重形状系在树上。当然，最广为人知的，还是林黛玉那一首凄美的《葬花吟》，真真是让无数人为之心碎。

打泥巴仗

送花神固然唯美浪漫，但还是无法完全避免感伤。贵州东南部侗族地区过芒种，可要欢快得多、轻松得多。每年芒种期间，可是他们放松自己、一显身手的绝佳时间。因为，他们要打泥巴仗！

打泥巴仗，发生在集体插秧期间，忙碌的农活儿累不倒活泼好动的青年男女们。稍有空闲，他们马上自发组织起来，互扔泥巴，甚至一边插秧，一边就迫不及待地打闹起来。有时新婚小两口也会被眼前热烈的场景所感染，放下矜持，在好朋友的陪同下加入战团，很快就玩得不亦乐乎！

当然，打泥巴仗也不是瞎打的，它还有自己的游戏规则。不过，这规则很亲切哟！战后检查，谁身上的泥巴最多，并不代表他（她）最惹人讨厌，恰恰相反，代表他（她）是最受人喜爱的人！

安苗

在皖南一带，流传着“安苗”的习俗。

它始于明初，每逢芒种时节，水稻等作物播种完毕后，忙碌时无暇旁顾的农民们，就开始有时间憧憬秋天的收成了。为了让自己的祈盼有个像样的表达方式，许多地方都开始进行安苗祭祀活动。

当时，家家户户像遇到重大节日一样，竞相忙着用新面蒸发包，并且充分发挥想象力，把面团捏成植物（五谷）、动物（六畜）以及各种瓜果蔬菜的形状。用蔬菜汁为其上色后，作为供品，进行虔诚的祭祀。祈盼着人寿年丰，五谷丰登。

煮梅

大家一定都听说过青梅煮酒论英雄的故事。其中的青梅，其成熟期，恰在南方五六月份。

煮梅，是指一种加工梅子的过程。青梅营养丰富，还具有美容等保健功能，所以很受人青睐。新鲜梅子固然好看，但其口感酸涩，很难下咽，必须经过加工后方可入口。

于是，煮梅应运而生。

端午节

差不多每隔两年，每年农历五月初五的端午节，都要赶到芒种节气里。有的地区流行一种迷信说法，认为如果芒种与端午恰好赶在一天会很不吉利，这其实是没有科学依据的。

作为我国民间四大节日之一、世界非物质文化遗产的端午节，又称“端阳节”“五月节”等。吃粽子、赛龙舟、挂艾叶、喝雄黄酒，全国各地都在以丰富多彩的方式迎接这一天。

大家最熟悉的端午节来历，是纪念战国时期楚国伟大的爱国主义诗人屈原。他因对楚国的前途感到绝望，不愿看到国破家亡的那一天，愤而投身于汨罗江的故事，至今广为流传。他高尚的品格，让人唏嘘不已。

关于端午节的来历，还有部分地区有其他说法，如纪念伍子胥说、曹娥说等。发展至今，端午节不仅是我国，也是许多亚洲国家的重要节日。

汨罗江

选自《杂剧新编》，清，邹式金辑，顺治年间刊本。图中描绘的是屈原与渔父的故事。屈原被流放后，“游于江潭，行吟泽畔”。渔父见他颜色憔悴，形容枯槁，便问道：“子非三闾大夫与！何故至于斯？”屈原回答说：“举世皆浊我独清，众人皆醉我独醒，是以见放。”于是，渔父劝他像世人一样随波逐流，屈原却宁愿投江而死也要保持自己高洁的品质。渔父听了莞尔，高歌而去，歌曰：“沧浪之水清兮，可以濯吾缨；沧浪之水浊兮，可以濯吾足。”

养生

芒种到了，养生话题算是老生常谈了。

需注意的其实还是那几条，饮食要多吃杂粮，少吃大鱼大肉的，喝点绿豆汤、银耳汤等汤汤水水的。闲时，再沏点防暑的绿茶、清热的菊花茶，也是一大快事。水果嘛，圆圆的西瓜、红红的草莓，都开始渐多了。当然，西红柿其实也不错。

心情要保持平和，不要老激动，通俗点说，就是没事偷着乐呗。

对了，现代家居与办公室里，空调的利用率也在大大增加，要注意防治空调病啊。开到一定时间，就适当让它歇歇，开开窗户，自然通风嘛。

传说

我们逆着时光，来看一看大诗人屈原的悲壮。

屈原胸有大志，也有惊人的才华，曾是战国时期楚国国君楚怀王身边的重要大臣。屈原怀着满腔热忱，期待着楚国能越来越好。

但是有一天，所有的一切都改变了。战国时最强大的虎狼之国秦国，开始打起了楚国的主意。秦国假意以割地为条件与楚国联盟，邀请楚怀王入秦。

昏庸的楚怀王上当了，他置屈原的苦劝于惘闻，更对屈原联齐抗秦的提议不屑一顾，而将屈原流放到汉北，并单方面中止了与齐国的盟友关系，兴高采烈地去秦国了。不出所料，贪小便宜的楚怀王这一去，就回不来了。他吃了亏，成了秦国的人质，客死他乡。

屈原无比痛心，但他的磨难还没有完。他不肯与权贵们同流合污的性格，让他受到更多的排挤。新即位的楚襄王又听信了小人的谗言，将屈原放逐到更荒凉的地方。但伟大的屈原宁可忍受这一切痛苦，也要保持人格的自尊。

后来，秦军攻破了楚国的都城，得知消息的屈原对自己的无力救国深感绝望。当他来到汨罗江边时，选择了抱起一块大石头，毅然投江。真应那句“宁赴湘流，葬于江鱼之腹中。安能以皓皓之白，而蒙世俗之尘埃乎？”

抱着必死之心的屈原，让我们懂得了什么是真正的高贵。这一天，正是五月初五。

屈原

纨扇，清，任熊绘。屈原，芈（mǐ）姓，屈氏，名平，字原，战国时期楚国人，著名诗人，代表作有《离骚》《天问》《九章》《九歌》等。屈原精通历史、文学和神话，洞悉各国的形势和治世之道，先后任三闾大夫、左徒，与楚怀王讨论国家大事，发布号令，接待诸侯及宾客，草拟法令，联合齐国共同抵抗秦国。但他的一系列措施损害了楚国贵族和大臣的权益，楚怀王听信谗言，疏远了屈原。公元前305年，屈原因反对楚、秦联盟而被流放。在流放期间，他写下了很多文学作品，他的作品辞藻华丽，想象和比喻新奇，充满了他对楚地的眷恋和报国报民的情怀。公元前278年，秦国攻破楚国的都城郢都，屈原绝望至极，在悲愤中投汨罗江而死。屈原死后，被后人尊为“水仙王”之一。水仙王是中国海神之一，多为贸易商人、船员、渔夫所信奉。1953年，世界和平理事会将屈原定为世界四大文化名人之一。

结语

芒种时节，正是煮梅的好时光。家家户户，都沉浸在芒种节气带来的忙碌与甜蜜中。正如北宋大诗人陆游所说：

> 时雨及芒种，四野皆插秧。
>
> 家家麦饭美，处处菱歌长。

芒种忙着种的同时，也要学会及时享受忙碌所带来的喜悦啊！

《端阳故事图册》

绢本，设色，清乾隆年间徐扬绘，共八开，每开纵20.7厘米，横18.2厘米。此图描绘了端午节期间的重要民俗活动，集中表现了历代各地的风俗习惯。每开均以隶书题写画名，并以行书对画作进行解说。第一开名《射粉团》，题：射粉团，唐宫中造粉团角黍饤盘中，以小弓射之，中者得食。第二开名《赐枭羹》，题：汉令郡国贡枭为羹赐官以恶鸟，故食之。第三开名《採药草》，题：五日午时蓄採众药治病，最效验。第四开名《养鸲鹆》，题：取鸲鹆儿毛羽新成者去舌尖，养之皆善语。第五开名《悬艾人》，题：荆楚风俗以艾为人悬门户上，以禳毒气。第六开名《系采丝》，题：系采丝，以五色丝系臂，谓之长命缕。第七开名《裹角黍》，题：以菰叶裹粘米为角黍取阴阳包裹之义，以赞时也。第八开名《观競渡》，题：观競渡，聚众临流称为龙舟胜会。

養鵪鶉
懸艾人
裹角黍
觀競渡

夏至

时间：公历6月21或22日。

寓意：日北至，日长之至，日影短至，故曰夏至。至者，极也。

●来历

在二十四节气中，夏至有两个与众不同之处。第一，太阳来到黄经90°，照射地面的位置抵达一年中的最北端。第二，正因为这一天北半球的日照时间达到一年中的最长，所以它被敏感而智慧的古人最早发现，并成为二十四节气中最先确定下来的一个。

早在公元前七世纪，古人就通过用土圭测日影的方法，确定了夏至。这一天的白昼为全年最长，我国黑龙江漠河的北极村附近，甚至会出现极光现象，日照达到十七小时。

夏至节至，意味着酷热的夏季即将到来，人们该做好“苦夏”的准备了。不过从这天起，白天渐渐缩短，俗语说：吃过夏至面，一天短一线。

即使天气越来越闷热，也挡不住喜阳生物的衰退，和喜阴生物的滋长。夏至的三候，就充分说明了这一点：一候鹿角解，二候蝉始鸣，三候半夏生。

一候时，属阳的鹿，最明显的衰退迹象就是鹿角开始脱落；二候时，感受到阴气的知了便开始鼓噪而鸣；三候时，在沼泽或水边生长的药草半夏开始出现在人们的视野中。

在民间，还有另一种说法，把夏至后的十五天分为三时。头

鹿

选自《诗经名物图解》，日本江户时代，细井徇、细井东阳撰绘。鹿的四肢细长，尾巴较短，雄鹿通常有角，体形比雌鹿大。古人认为鹿是神物，是吉祥和长寿的象征，它们常出现在中国的壁画、绘画和雕塑中。

时三天，中时五天，末时七天。《荆楚岁时记》中记载：“六月必有三时雨，田家以为甘泽，邑里相贺。”由此可见，夏至的雨水值千金啊！

对于农家人来说，此时夏播工作进入最后阶段，适度的雨量固然可喜，但幸福的烦恼依然存在。农谚说：夏雨隔田坎。意思是说夏至时节对流天气较多，雨来得快去得也快，下雨的范围可能很小。唐代刘禹锡就曾写下过描述此种景象的著名诗句：东边日出西边雨，道是无晴却有晴。

夏至时农家人的另一样烦恼是：杂草的生长速度与庄稼一样的快。农谚生动地说：夏至不锄根边草，如同养下毒蛇咬。

记得抓紧除草啊！

●风俗

祭祖

夏至这天可不简单，它不仅是节气，还是个隆重的节日，被正式纳入古代祭神礼典呢。《周礼·春官》中载：以夏日至，致地方物魈（xiāo）。周代的祭祀活动，有清除荒年、死亡和饥饿之意。

事实上，无论贫富，古人们均选择在夏至节这一天进行祭祖，祈福消灾，庆祝麦收丰收。有的地方还要举行隆重的“过夏麦”活动。

欢庆

在我国绍兴地区，有“嬉，要嬉夏至日”的俚语。而当地的赛龙舟活动，因天气缘由，自明清以来已不在端午进行，而改在夏至，这个习俗保存至今。这一天万人云集，人山人海，锣鼓喧天，真是热闹得不得了。

而历史最短，却最热闹的欢庆习俗，出现在黑龙江漠河北极村附近。自1989年始，才由漠河县将夏至这天定为“夏至旅游节”，这天人们从四面八方涌来，争相观看神奇的北极光，并尽情嬉戏。

消夏避伏

人们大都听说过冬至数九的歌谣，什么一九二九不出手，真是熟得不能再熟了。可是有几人知道，夏至也有反映夏日炎炎似火烧的“夏九九歌”呢？

湖北地区的歌谣如下：

夏至入头九，羽扇握在手；二九一十八，脱冠着罗纱；三九二十七，出门汗欲滴；四九三十六，卷席露天宿；五九四十五，炎秋似老虎；六九五十四，乘凉进庙祠；七九六十三，床头摸被单；八九七十二，子夜寻棉被；九九八十一，开柜拿棉衣。

而北方农村地区则另有一套自己的歌谣：

一九至二九，扇子不离手；三九二十七，冰水甜如蜜；四九三十六，汗湿衣服透；五九四十五，树头清风舞；六九五十四，乘凉莫太迟；七九六十三，夜眠要盖单；八九七十二，当心莫受寒；九九八十一，家家找棉衣。

两首歌谣词句不同，但情境相似。看完这两首后，是不是有了想摇扇子的冲动呢？

古时的妇女们，就在这一天互赠折扇、脂粉等物，用来扇凉、除汗。而皇家则将珍藏了一冬的冰块，适时地拿出来避暑。

食俗

俗话说：冬至饺子夏至面。夏至这天是面馆最欢迎的日子。南方的肉丝面、干汤面，山东地区的过水面，老北京的炸酱面，陕西一带的担担面，都畅销得很呢。

前面提到的热热闹闹的绍兴地区，除了常规供品外，还要加一盘蒲丝饼才行。同处江南的无锡，则信奉另一条食令：夏至馄饨冬至团。

山东龙口一带，则在夏至日煮麦粒吃。这一天最开心当然是孩子们，他们拿着用麦秸编成的小笊（zhào）篱，从汤水中一下下地捞麦粒吃。既解了馋，又找到了游戏的心态。

在岭南、广东、广西一带，夏至日则流行吃狗肉和荔枝。这种吃法据说是有根据的：合吃不热。而吃狗肉还有另一层寓意：吃了夏至狗，西风绕着走。意思是说，夏至这天吃狗肉，身体会倍儿棒，容易引发感冒的西风，都得绕着身体走！

夏至日，有些地区，还流行带上外甥与外甥女到娘家吃饭的习俗。而舅舅的必备菜，是葫芦与苋菜。据说，吃了苋菜不会发痧，吃了葫芦腿里有劲。而外婆准备的菜，常见的有腌腊肉，吃完夏天可能就不遭罪喽！

总体来说，江南地区的夏至食品有麦粽、角黍、李子、馄饨、汤面、薄饼等等。《吴江县志》中记载：夏至日，作麦粽，祭先毕，则以相饷。看来，这麦粽不仅要吃，还须留下一点送人呐！

养生

到了夏至，阳气正旺。现在，就需要开始预防中暑了。

打伞、戴墨镜、身上涂防晒霜，都是防止大量出汗后中暑的好办法。当然，如果没有这些东西呢，就只能尽量找犄角旮旯等阴凉处避一下喽。如果必须常在毒辣的阳光下行走不可，就找件红衣服穿吧，吸收紫外线，保护皮肤不得病啊。

早晨做下广播体操还可以，大动干戈的运动，可以省省了。

此外，夏天到来，人体需水量猛增，可多喝些盐水或绿豆汤。但绿豆汤可不能多喝，要适可而止。

嵇康在《养生论》中写道：更宜调息静心，常如冰雪在心，炎热亦于吾心少减，不可以热为热，更生热矣。大意是说，夏天人要力争保持心神安宁，不被外界的燥热所纷扰而感觉更热。说白了，其实就是我们常说的“心静自然凉”。

不过，如果因外界燥热而更热怎么办呢？那就是上火啦！相比于中暑，上火更常见，虽没有中暑那么严重和夸张，但也不能轻视。可以食疗，或用听音乐之类的精神疗法。

传说

夏至这天是北极村观赏极光的好日子，当地流传着这样一则故事。

传说，漠河地区居住着一对老夫妇。他们心地淳朴，与人为善，唯一的遗憾是多年来膝下无儿无女。于是，老两口经常到月牙湖边的龙王庙里烧香祷告。

老两口的诚意，恰好被天上的七位仙女得知了。她们是王母娘娘身边的宫女，被月牙湖的美丽所吸引，到这里来沐浴。他们被老两口的诚意所感动，决定帮助他们。

老两口回家后没多久，竟真的有了自己的孩子！而且一下子就是七个女儿！老两口激动得老泪纵横，口中直念菩萨显灵。

原来，这七个女孩子，就是七位仙女投胎而来的。老两口与七个孩子幸福地生活了几年，可惜好景不长。天上一天，地上一年，此时此刻，王母正在瑶池大发雷霆呢，因为她身边的七位宫女已经失踪好几天啦！

有探报说，已发现了她们在凡间的行踪。王母脸上的表情愈发僵硬起来。

这一年的夏至，老夫妇正和孩子们玩耍时，突然电闪雷鸣，霹雳交加，一条凶恶的火龙从天而降！它怒吼着喷出火焰，瞬间就将老两口和他们破旧的房屋烧成了灰烬。

眼看爹娘丧命，七姐妹痛哭着转移了，她们发誓要为老人家报仇！可凭借自己的力量显然无法办到，她们便去找救苦救难的观音菩萨。

在菩萨的帮助下，七仙女用观音赐的宝瓶与恶龙进行了一番苦战。最后，她们终于用宝瓶将火龙击入水中，克制了它的妖术，让它变成一条丧失火焰能力、再也无法上天的水龙。

打这以后，每年夏至这天，人们都会看到七彩交织的北极光。传说，那是七位仙女来探望自己的家，在天上漫舞嬉戏呢！

结语

北极光的绚丽，掩盖不住夏至时节的纯朴气息。夏至食品，是节气中较丰富和有特点的一个。唐代大诗人白居易就曾这样写过：

忆在苏州日，常谙夏至筵。

粽香筒竹嫩，炙脆子鹅鲜。

好吧，让我们无论从精神上，还是从身体上，都吃得饱饱的，去迎接酷夏的到来吧！

小暑

时间：公历 7 月 7 日或 8 日。

寓意：暑，热也，就热之中分为大小，月初为小，月中为大，今则热气犹小也。

●来历

小暑时，太阳的位置是黄经105° 。

暑，意味着炎热。在古人眼中，一年中最热的时候是大暑，小暑还轮不到，所以有“小暑不算热，大暑三伏天。”的谚语。至于三伏嘛，大致发生在夏至二十八天之后。

不过小暑也不可小视哟，谚语还说了：小暑大暑，上蒸下煮。这是指天气，对人来说恰恰相反，因为谚语又说：小暑大暑，有米也懒煮。

因为从小暑开始，你就会感觉到凉风难觅，身边热浪习习，人也变得懒惰起来，极端时连饭都不爱做了。小暑的三候也足以说明闷热的节气特点：一候温风至，二候蟋蟀居宇，三候鹰始鸷。

一候时，刮过的风已没有丝毫凉意，这样的环境显然在二候时影响到了某些小动物。二候时，蟋蟀便有了反应，之前它一直在田野里生存，但为了避暑，它在小暑时选择了搬家，搬到庭院中阴凉的角落处。《诗经》中即有类似的描述：七月在野，八月在宇，九月在户，十月蟋蟀入我床下。而到了三候时，天已经热得让老鹰也不愿在地上多停留哪怕一秒钟，不过人家有先天优势，可以在稍显清凉的高处盘旋哪。

蟋蟀

《诗经・豳风・七月》图卷（部分），南宋，马远（传）绘，水墨手卷，克利夫兰美术馆藏。蟋蟀，又称蛐蛐、促织、夜鸣虫等。蟋蟀通过翅膀相互摩擦来发声，蟋蟀性格孤僻，一般是独立生活，两只蟋蟀碰到一起就会咬斗起来。中国自唐朝起就以斗蟋蟀为娱乐活动，宋朝时兴起，明清时期盛行，现已被废除。

从农事的角度来看，这时各种农作物正处于茁壮成长期，虽然田间体力活儿不太多，但也要经常操心才行。具体点说吧，施肥也是多种多样哟！早稻已是灌浆晚期，要保持田间的湿度适当；已拔节的中稻，开始进入孕穗期，应该多施穗肥；单季的晚稻该施分蘖肥，双晚的秧苗该施“送嫁肥”。

小暑期间，也正是雷雨容易肆虐之时。俗话说：小暑一声雷，倒转做黄梅。意思是说，小暑时有雷雨，往往预示着“倒黄梅”天气的到来。所谓“倒黄梅”，是指潮湿闷热的雨天，还要再持续一段时间。

俗语又说：小暑大暑，淹死老鼠。

小暑后期，其实就是入伏的开始。“伏”即“藏”，所以“三伏”的意思很简单，就是指天气太热不适合过多运动。正应了那句俗话：哪儿凉快哪儿待着去！

不过这待着也很有讲究，可不是随便坐的，民间的智慧大着哪！请看这句：冬不坐石，夏不坐木。这是在提醒大家：不要贪

老鼠

选自《诗经名物图解》，日本江户时代，细井徇、细井东阳撰绘。老鼠是十二生肖之一，它们的适应能力和繁殖力很强，每年都要吃掉很多粮食，还会传播疫病，对人类的危害很大。自古老鼠就不受人待见，人们常用“贼眉鼠眼”“鼠目寸光”“老鼠过街，人人喊打”“鼠窜狼奔”等词语形容一些不好的人或物。

图一时的凉快！小暑时节气温高、雨水多、湿度大，外露的木料表面上是干的，内里却积蓄了很多水分，太阳一晒就会散发潮气，坐的时间长了容易影响身体健康。

坐东西也不保险了，看来理想的避暑状态那是那句老话啊：心静自然凉。

• 风俗

六月六

每年农历六月六，差不多就在小暑前夕。因为接近一年中极热之时，所以家家户户都选择在这一天把箱子里或柜子里存放多时的衣被拿出来晒，名为“晒伏”，意为去湿、去潮、防霉、防虫蛀、除异味。有趣的是，不仅是人间，相传连龙宫在六月六这一天，都要晒一晒平时难得一见的龙袍呢！

而官方的活动，场面虽不大，却很有特色。

六月六这一天直接就被定为天贶（kuàng）节。从史料来看，天贶节从北宋哲宗元符四年时，就已经正式流行开来了。“贶”即“赐”的意思，即上天赠送的节日。上天都这么慷慨，身为天子的皇帝当然也不能太吝啬，他们在这一天，也要给大臣们送点消夏的礼物：冰麨（chǎo）和炒面。

这的确是好东西，凉快且止饿，炒面还可以清火、止泄呢。

另外，民间还流传着：六月六，请姑姑。六月初六，是传统的姑姑节，是接已出嫁的女儿回娘家的喜庆日子，要好好招待一番才能回去呢。

食俗

民间有“小暑吃黍，大暑吃谷”之说。

其实，这是由小暑“食新”的习俗发展而来。农民们将新收的稻谷碾成米后，先要祭祀五谷神与先祖，然后再开始品尝新酒。这叫“吃新”，谐音即为“吃辛”，后来再吃时渐渐丰富成新米与老米一起煮，再加蔬菜的习俗。

另外进入伏天后，民间有“头伏萝卜二伏菜，三伏还能种荞麦”，或“头伏饺子二伏面，三伏烙饼摊鸡蛋”的说法。都说谁过年还不吃顿饺子，其实吃饺子根本不用等到过年。饺子开胃又解馋，正好解决苦夏时节食欲不振的症状。

在山东，流行吃生黄瓜和煮鸡蛋以治苦夏。徐州人则流行入伏吃羊肉，名为“吃伏羊”。当地流传着“六月六接姑娘，新麦饼羊肉汤”的歌谣，据说这种习俗打尧舜时期就有了，历史真是悠久得可以。

在徐州地区，伏天不仅人有好吃的，连牛的伙食都跟着改善。麦仁汤，就是这时对牛来说最健身滋补的美味，据说牛喝了以后，身体倍儿棒，吃嘛嘛香！

还有的地方流行吃藕，有的地方盛产黄鳝，台湾则多产丝瓜、黄瓜、芒果等，这都是消暑佳品。

当然喽，大家最熟的，还是伏天吃面。

这一习俗由来的时间，也不算短，至少可追溯到三国时代。《魏氏春秋》记载：伏日食汤饼，取巾拭汗，面色皎然。这里的“汤饼”就是热汤面，描绘的就是魏大臣何晏吃热汤面时热得汗如雨下的情景。

养生

天气真正地炎热起来了！

谚语说得好：小暑大暑，有米也懒煮。这句话非常形象地描绘出此时此刻人们因酷热而变得懒散的心情。

可是话说回来，饭不想做也得做。因为它不光解饿，还可以解暑呢。比如像老冬瓜煲荷叶可消暑，老鸭煲汤可滋补，这时候吃起来又香又养人呢。

知道吃什么，也得知道不能吃什么或少吃什么。诱人的小龙虾、烧烤加啤酒的金牌组合，看起来很美，吃起来很爽，却必须要有所节制。因为小龙虾吃多了会腹泻，大排档里的烧烤加啤酒易引起痛风。

需要特别提醒的是，心脏不好的朋友，在高温天气里要多加小心。

传说

六月六与小暑极为接近，这一天不仅龙王要晒袍子，其他各路神仙也不闲着。“百索子摞上屋”就是一则。

牛郎和织女被残忍地分在银河两岸后，心如刀割，日夜思念。所幸，一年当中还有个“七月七”让他们相会一次，以解相思之苦。

可是事情没这么简单。银河那么宽阔，上面又没有桥，岸边又没有船，怎么相会啊？这渺茫的希望，反倒加深了牛郎和织女的痛苦。特别是牛郎身边的孩子，哭着喊着要娘，真让人心疼啊。

他们真挚的情意感动了人间。在六月六这天，离七月七仅有一月之余，天下懂事的孩童们不约而同地做着同一件事。

他们将从端午节就一直戴在手上的百索子摘下摞上屋，不为别的，只为能让路过的喜鹊衔走。到了七月七这天，银河间真的搭起了一座桥——鹊桥，牛郎织女真的不可思议地冲破阻拦，相聚在一起了！

牛郎织女的故事中，六月六只是为了准备相聚。而对小白龙来说，相聚同样不易，他只能在六月六这天回家与母亲团聚！

原来，小白龙少不更事，不小心触犯了天条，惹得龙王父亲大怒，将他关在了一座偏远的孤岛上，让他经受些磨难。唯有六月六这天，恩准他回家探母。

小白龙归家心切，一路风卷残云，风驰电掣。据说小暑期间雷雨无常，就是因为行动迅速的小白龙赶路所致。

古人在伏日还有祭祀的习惯，关于这个习惯，还有个不平凡

黍

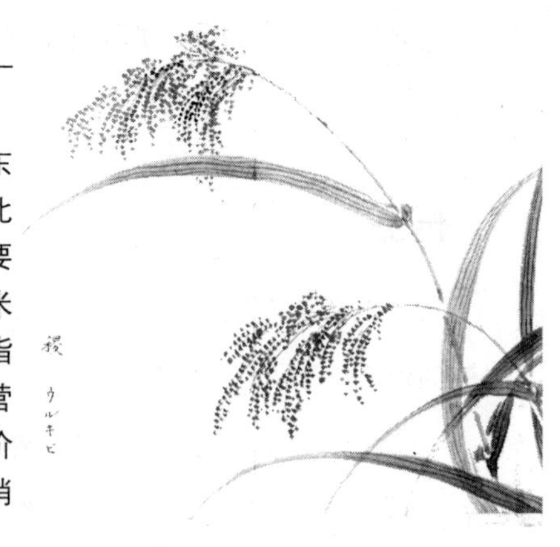

选自《诗经名物图解》，日本江户时代，细井徇、细井东阳撰绘。黍子的果实即黄米，北方人又叫它小米，是古代的重要粮食，古人还常用它酿酒。黄米中含有丰富的蛋白质、淀粉、脂肪、微量元素和矿物质元素，营养价值很高，有一定的食疗价值。但黄米的粘性大，不易消化，不可多食。

的由来。

热当然与阳光照射有关，我国传说中的太阳神就是炎帝，而他的后辈祝融则为火神。太阳神威力巨大，他发号施令，太阳才能发出足量的光与热，让人类进行正常的日常生活。为了感谢炎帝的功德，人们决定供奉他。选哪一天最合适呢？

既然发热，当然要选个大热天祭祀才有诚意啊。伏天，就是最好的日期。伏日祭祀，就是由此而来。

结语

看到这儿，你是否感觉有些热？有时候，恰当地来点雨也是可以的。这不，唐代大诗人元稹就善解人意地留下了诗句：

倏忽温风至，因循小暑来。

竹喧先觉雨，山暗已闻雷。

凉快一下，我们还要接着赶路呢，前面更热的大暑，已扑面而来。

大暑

时间：公历7月22至24日之间。

寓意：斗指丙为大暑，斯时天气甚烈于小暑，故名曰“大暑”。

●来历

一年当中最热的时候，终于到来了！大家不要中暑哦！

大暑，太阳抵达黄经120°，正值中伏左右。这是喜热作物生长最快的时期，同时也是旱、涝、台风等自然灾害最易肆虐的时期。

当然，因为这个时期酷热，田间水分蒸发很快，生长旺盛的农作物对雨水仍是非常渴望的。俗话说：小暑雨如银，大暑雨如金。比如说大豆，对缺水就显得非常敏感，农谚所说的“大豆开花，沟里摸虾”。这可不是什么好事，这是在提醒你：快给我浇水啊！

对于稻子来说，这个时期同样关键，因为民谚说得好：禾到大暑日夜黄。在生产双季稻的地区，已正式进入“早稻抢日，晚稻抢时”、“双晚不插八月秧”的快速节奏。

进入花铃期的棉花，叶面积为一生中最大，对水当然也有着特殊的需求，对农家人的灌溉要求又高了一层。不过，这浇水也有大学问哟！浇水时一定要挑选清凉的时间段，中午后高温时浇水，反而会使土壤温度剧烈变化产生极度不适，加重蕾铃的脱落，可真是帮了倒忙啦！

大暑的三候是：一候腐草为萤，二候土润溽暑，三候大雨时行。

一候时有美丽的景象出现，萤火虫开始卵化而出喽。至于腐草嘛，是古人以为萤火虫是由腐草变化生成的。二候时，处处闷

灌溉

选自《天工开物》，明，宋应星撰，日本刊本。灌溉，是为补充作物所需水分而用水浇地的技术措施。为了保证农作物正常生长，并获得较高产量，必须给农作物提供充足的水分。但在自然条件下，常会出现降水不足或降水分布不均匀等情况，因此必须人为地进行灌溉。灌溉要根据气候、土壤条件、植物的需水特性和生长阶段而定，要适时、适量，合理灌溉。

热难耐，连空气中都透着潮湿。三候时，经常会出现大的雷雨天气，暑湿会减弱，渐渐向立秋过渡。

描述大暑时雷雨天的谚语是：东闪无半滴，西闪走不及。大意是在炎热的夏季午后，如果东方出现闪电，不用急，更不用跑，雨是不会下到这里的。而如果西方有闪电，还等什么，快跑啊！倾盆大雨说到就到，再想躲根本就来不及啦！

大暑也有预言后期天气的神奇功效，许多农谚都证实着这一点。比如“大暑不热，冬天不冷”、“大暑热，秋后凉”、“大暑有雨多雨，秋水足；大暑无雨少雨，吃水愁”，这不是随口乱说的，这可是集中了数千年民间的经验智慧啊。

●风俗

大暑船

大暑时因蟋蟀盛行，所以有的地方喜欢斗蟋蟀。不过，这个游戏和下面这个玩法比起来，有点太小儿科了。

在浙江地区，送大暑船不但是一个流传已久的习俗，更是一个非常热闹、非常隆重、非同寻常的节日。

清朝同治年间，大暑前后浙江地区常有疾病流行，时人惶恐，以为是得罪了五圣的缘故。这五圣分别是张元伯、刘元达、赵公明、史文业、钟仕贵，全都称得上是威猛之神。

于是，五圣庙开始兴起。乡人经常携带猪、羊等供品前来祷告，以求消灾祛病。浙江沿海渔民很多，于是渐渐形成大暑节集体供奉五圣，将大渔船载供品推入水中，任其自由漂流以表诚心的风俗。

通常，大暑船内样样俱全，既有神龛，又有多种多样的美食供品，还有桌椅床被等生活用品，甚至还有刀、枪等防身武器。

大暑这一天，大暑船未下水之前，要进行一系列活动。如僧人要做法事，还愿的人则争先恐后地将自家供品装到船上。同时，还要进行隆重的迎圣仪式。队伍中前有鸣锣开道，后有五位少年伴成五圣，引着香烛供人参拜。然后是各种民间艺人一路表演，最后是表示“谢罪”的病愈者，队伍浩浩荡荡，最后折回五圣庙，一路旁观者人山人海。

时辰一到，大暑船在人群的叩拜和鞭炮齐鸣中正式下水开走了!整个船上，只有一两名经验丰富的驾船高手。到达指定地点后，趁着落潮，他们弃大船而上舢板，返回岸边，任由大暑船随风漂向茫茫大海。

没什么遗憾的，漂得越远，没影才好呢，这是吉兆。如果风向不利，船没漂多远，反倒被涨潮拱了回来，那可是凶兆，太糟糕了！

大暑船顺利漂走后，人们才算松了一口气，五圣庙开始演大戏了，少则三五天，多则半月，人们开始了属于他们的狂欢。

食俗

送大暑船虽然好看，但似乎还差点什么。对了！差在吃上啊，大暑时最主要的民俗还要回归到吃。讲究的中国老百姓，赋予了食文化丰富的内涵。

这一时期的饮食习惯，主要集中在两点：一是吃消暑的凉性食物，一是吃热性食物。这两种吃法各有各的美食，

赵公明

出处不详。赵公明，名朗，字公明，又称赵玄坛、赵公元帅，道教四大元帅之一，五方却瘟之神之一，民间传说中的财神。晋朝时，赵公明以督鬼之神的身份出现在《搜神记》等文献中。明朝时，在陆西星的《封神演义》中，姜子牙将赵公明封为“金龙如意正一龙虎玄坛真君”（简称“玄坛真君”），统领招宝天尊萧升、纳珍天尊曹宝、招财使者陈九公、利市仙官姚少司四位神仙。因赵公明手下的小神斗士是掌管财务的，久而久之，人们便将其奉为财神。

也各有各的风采。

先来看看凉性食物。在广东东南地区，流行着这样一句俗语：六月大暑吃仙草，活如神仙不会老。

世上真的有仙草吗？其实，所谓的“仙草”又名凉粉草、仙人草，属草本植物，既可药用亦可食用，是难得的药食两用之品。之所以称其为“仙草”，是因为它有丰常灵验的消暑效果。其茎叶晒干后，可做成台湾著名的小吃之一、一种叫烧仙草的凉粉。烧仙草也有药效，尝上一口，不仅满口清香，还能清热败火呢！

要特别提醒一下，孕妇不可吃哟！

吃凤梨，同样是台湾地区所流行的习俗，这个时期的凤梨，可口得很。而凤梨的粤语发声很类似“旺来”，所以就更有人气了，吃上一口固然好，叫一下名字，似乎也能沾点儿好运气啊！

大暑吃凉，不仅全国广大地区随处可见，就连日本也受中华影响，有着自己的吃法。他们会架起长长的竹筒，将煮过的面条放在里面冷却后再吃，这是他们躲避中暑的一招儿哟！

再来看看热食。还是台湾地区，大暑距离农历年中很近，所以当地也将大暑称为“半月节”。这一天拜完神后，全家人要围坐在一起吃一顿“半年圆”的团圆饭。这半年圆的食品，其实就是用糯米磨成粉后与红面搓在一起煮成的甜食，嘴里吃着甜，心里因为团圆更加的甜！

湘中湘北的进补方式，很传统，吃童子鸡啊。湘东湘南吃得就比较方便了，吃姜就可以了！不是吃不起鸡，而是俗话说了：冬吃萝卜夏吃姜，不需医生开药方。

再来看看福建莆田，当地人也没闲着，这时候正在大吃特吃荔枝、羊肉和米糟呢！

荔枝含糖高，有滋补价值，对身体很有裨益。把用冷水浸泡的新鲜荔枝含在口中，那种感觉，就是一个字：爽！温汤羊肉，则是当地的特色美食。将去毛的羊在汤中浸泡一段时间后取出，切出的羊肉鲜嫩可口，让人垂涎三尺啊！米糟则是米饭拌和白米曲发酵熟透后成糟，在大暑这天分成一块一块，加红糖煮食，据说可以大补元气呐。

这几样东西，不仅众人爱吃，更是大暑时亲朋互赠时拿得出手的重要礼品呢。

不仅是南方，在山东南部一带，大暑时同样对羊情有独钟。当地就流行吃羊汤，还有个很跟时令的美称：吃暑羊。

枣庄盛产麦子，大暑时已入伏，麦收也差不多了，人们有个短暂而难得的间歇期，也该慰劳一下辛苦了半年的自己了。新麦馍馍当然管够，但要是杀只羊，真有点舍不得，似乎得有个足够的理由才行。理由想找还不容易？让出嫁的闺女带着娃儿回娘家，不就可以了？

邻居家显然被这热闹的情景和飘香的羊肉汤的味道所吸引了，你家有闺女，我家也有啊。吃暑羊，就这样渐成风俗。

其实，大暑时吃热食也是有科学道理的。吃得一身淋漓大汗的同时，体内伏天的积热也不知不觉中散发走了，这也是在排毒啊。

不论是凉食，还是热食，其实填饱肚子的功能似乎被弱化了，在大暑这个奇热无比的日子里，安然度过才是最重要的。据说在日本，从大暑开始，就开始进行有组织的泼水降温活动，直到一个月后的处暑，天气转凉了才完事呢。

养生

三伏天的热浪终于来了！

这是避暑的最紧要时期，也是所谓“冬病夏治”的关键时期。在冬季易发的某些慢性病，如呼吸道疾病、肺气肿等，此时服药调养，是有望根治的最佳时机。

饮食上，大吃童子鸡的同时，丝瓜、南瓜、西兰花也不能落下，这都是排毒养颜的好食材，而胡萝卜则对心脏有好处。爱吃姜的朋友要注意喽，晚上最好不要吃哟。

爱运动的朋友，可到了游泳的最佳时机。大热的天，估计有人恨不得一直泡在水里不出来吧！

另外既不爱运动，又想减肥的朋友们，算是迎来了“冷减肥”的福音。这桑拿天，不运动都出一身汗，再吃些不加热和不加工的食物，也就是水果什么的，没准一不小心真就减肥成功了呢！

但什么事都得有个度，这水果也不能敞开了怀吃。另外还有些人喜欢用喝奶来代替喝水，既解渴又有营养，岂不美哉！岂不知牛奶一天喝两三杯就足够了，喝多了还会阻碍钙的吸收呢。

结语

唐朝大诗人白居易则从另一个角度告诉我们，没有这些可口食物时该怎样消暑。

何以销烦暑，端居一院中。

眼前无长物，窗下有清风。

热散由心静，凉生为室空。

此时身自得，难更与人同。

秋

立秋　处暑　白露　秋分　寒露　霜降

立秋

时间：公历 8 月 7 日或 8 日。

寓意：秋，揫也，物于此而揫敛也。

●来历

立秋之日凉风至。谚语说得真准，立秋一到，人们就从闷得透不过气来的空气中，体验到了一丝久违的凉意。

立，意味着开始；秋，由禾与火组成，意味着禾谷成熟。很明显，“立”和“秋”加在一起，就是指凉风习习、孕育收获的秋天即将开始喽！

需要晓得的是，此时太阳的位置从北回归线向南折返，到达黄经135°。

立秋又称交秋，指夏秋两季相交。从天气的角度讲，这一天预示着炎热即将过去，清爽即将到来，更有“一场秋雨一场寒”的现实趋势。但要注意的是，立秋只是秋天的前奏，并非秋天真的到了。此时仍处在伏天，除了早晚时分以外，白日里热浪依然灼人，就是所谓的“秋后一伏热死人”。秋老虎可不是吃素的，一不小心，仍有中暑的可能哟！

对于我国来说，由于地域广大，气候不同，所以进入秋季的时间也存在差异。北方的黑龙江等地率先步入秋天，而当海南感受到秋意时，已经到了新年了。对于广大中部地区来说，此时正是收割早稻、栽培晚稻、密切关注大秋作物进入成熟期的关键时刻。

对于习惯了靠天吃饭的农民伯伯们来说，长时间的观察，使他们积累了丰富的天气经验。谚语说得好：立秋晴一日，农夫不用力。这是指立秋这天如果天气晴好，那么当年必是个风调雨顺的丰收年，等着庄稼有好收成吧！反之则有：雷打秋，冬半收。意思也很明显，立秋这天打雷，农作物可能要歉收啊！对于庄稼来说，立秋时仍是生长旺季，需要雨露滋润，“立秋雨淋淋，遍地是黄金”说的就是这个意思。

此外，闰月也会使立秋对生产造成一定的影响。俗话说：七月秋样样收，六月秋样样丢。意思是说，正常时立秋在农历七月，有望五谷丰登；而如果立秋恰巧赶在农历六月，即使没有颗粒无收那么夸张，收成也好不哪儿去。

不过，农事靠天吃饭不假，但农谚中同样在强调人的力量。谚语还说：立秋开头坐一坐，来年春天要挨饿。这就是在催促与警示后人，到了该加紧农事的时候了，不要偷懒！

老祖先的智慧，真值得我们多加研究啊。

立秋的三候是：一候凉风至，二候白露生，三候寒蝉鸣。

还未解释，光看字面，就已经感受到丝丝清爽了。一候时，怡人的凉风悄然而至；二候时，早晨大地上开始有雾气出现；三候时，对阴气十分敏感的寒蝉开始鸣叫。

秋天，总归是到了！

●风俗

立秋节

立秋节，俗称“七月节”。由于处于夏秋之交，临近一年当中最有意义的丰收时节。所以，古时无论是官方还是民间，都对“立秋”这个节气给予了特殊的重视。

《礼祀·月令》记载，早在周代，周天子到了立秋这天，不管有什么大事小情的，都得先放一放，要带着一帮大臣官员们，风风火火地赶到西郊，进行“迎秋”活动，并举行祭祀少嗥、蓐收的重要仪式。

少嗥、蓐收何许人也?

蓐收

《山海经》插图，晋，郭璞撰，蒋応镐绘。蓐收，西方的秋神，是辅佐白帝少昊的神。据《山海经》记载，蓐收“左耳有蛇，乘两龙”，住在泑山，山南面多美玉，北面多雄黄。在泑山上可以望见太阳落下的地方，掌管太阳下落的神叫“红光”，也就是“蓐收”。

少昊

选自《古今君臣图鉴》，明，潘峦编绘，明万历十二年益藩阴刻本，哈佛燕京图书馆藏。少昊，又称青阳氏、金天氏、穷桑氏、云阳氏，或称朱宣，在世时间约为公元前2598年—公元前2525年。相传，少昊姓己，名挚（亦作质），是黄帝的儿子，生于穷桑(今山东省曲阜北），是远古时期华夏部落联盟的首领，也是东部沿海的东夷族的首领。他擅长治水和农耕，设工正、农正，分别管理手工业和农业。又订立度量标准，观测天象，制定历法，发明乐器，创作乐曲。

少皞，也称为“少昊”，名头很大，位列大名鼎鼎的五帝之一，是汉族远古神话中的西方大帝。据说其母亲娥皇常常在天上织布，累了就到西海边的一棵大桑树下休息，同太白金星偶遇后一见钟情，生下少皞。少昊出生时天上有多只颜色各异的凤凰盘旋鸣叫，于是开启了后来各氏族部落对凤凰这一图腾的膜拜。

至于蓐收呢，也很有传奇色彩。他同样为西方神，不过，传说中他还是白帝少昊的助手——辅助神，司秋。也就是说，他可是正宗的秋神哟！他的模样很吓人，左耳盘蛇，右肩上则扛着一柄巨斧。原来，这位秋神还执掌刑罚，秋天有肃杀之气，古代流传的“秋后问斩”，这下大家该找到出处了吧？

供奉神祇的规模，到汉代后，愈演愈烈了。《后汉书·祭祀志》记载：“立秋之日，迎秋于西郊，祭白帝蓐收，车旗服饰皆白，歌《西皓》、八佾舞《育命》之舞。并有天子入圃射牲，以荐宗庙之礼，名曰“貙刘”。杀兽以祭，表示秋来扬武之意。”

看来，汉代的立秋节不仅大家都身穿新做的白衣，同时还要载歌载舞、杀猪宰羊，很有节日的气氛啊。

唐宋也不甘落后，《新唐书·礼乐志》中这样说：立秋立冬祀五帝于四郊。宋代到了这一天，在帝王出去射猎祭扫之前，太史官要一边神情紧张地盯着时辰，一边还要眼巴巴地瞅着梧桐。突然，太史官像闹钟一样大叫起来：“秋来了！”伴随话音而落的，是一两片飘下的梧桐叶。

一叶知秋，果然敏感。另外，梧桐的功能好强大啊！不仅在闲暇时制造招引凤凰的浪漫，还能在关键时刻相当严肃地预报秋天呢！

此时民间的男男女女们也没闲着，他们纷纷戴起此时节才有的楸叶。爱美的女娃子还会用石楠红叶剪刻成花瓣簪，然后插到鬓边，真是别有风姿。顽皮的孩子们哄闹够了，会回家找小赤豆吃，这小赤豆不多不少，要七粒才正好，咬碎后妈妈会递过来一只盛满秋天井水的碗，让孩子吞服而下。如此这般，据说可以不生痢疾。

而有的地方，做妈妈的还要把红布剪成葫芦形状，缝在孩子衣服的背后，以示驱病消灾之意。母亲的愿望真是美好，这样一来，孩子很像葫芦娃啊！

到了明清时期，人们在这一天还要量下体重，再拿出立夏时记体重的小本本计算一下，看整个夏天过去，自己是胖了还是瘦了。谁要是瘦了，不会庆祝自己减肥成功，反而会对苦夏懊恼不已。

秋社

在汉代，立秋时节不仅要供奉秋神，还要供奉土地神。祭祀这一天称为“秋社”，选在立秋后的第五个戊日。

古时，人们用天干与地支搭配来表示时间。天干十个，顺序为甲、乙、丙、丁、戊、己、庚、辛、壬、癸；地支十二个，顺序为子、丑、寅、卯、辰、巳、午、未、申、酉、戌、亥。搭配在一起，就产生了甲子、丁寅、辛丑……或纪年，或纪日，或纪时。纪日从甲子开始，至癸亥结束，六十天为一循环，第五个戊日，就是立秋后第五个用天干戊来配某个地支的那一天。

这一天秋收恰好完毕，掌管土地的土地神，自然成了人们想要亲近、表达对五谷丰登感谢之情的香饽饽。于是乎，无论是官

土地之神

古代版画。土地神，在民间又被视为财神和福神，是汉族民间信仰之一，寄托了人们祛邪、避灾、祈福的美好愿望。供奉土地神的土地庙是中国分布最广的祭祀建筑，一般情况下，土地神是一对白发白须的老人，即土地公和土地婆，有的地方只供奉土地公。旧时，每年都要举行盛大节日聚会来祭祀土地神，后来这种聚会就演变成了中国最有特色的现象——庙会。

府还是民间，在辛苦多半年后，都要郑重其事地看望一下土地神老人家，顺便祈祷来年能有个好收成。

宋朝的秋社还增加了食糕、饮酒、妇女归宁（回娘家）等习俗。时至今日，一些地区仍流传着“做社”“敬社神”“煮社粥”等风俗习惯。

唐人韩偓曾在《不见》诗中如此描述：此身愿作君家燕，秋社归时也不归。

禁忌

因为离收获不远了，所以立秋是一个很受重视的节气。重视到什么程度呢？重视到出现禁忌的程度。

在云南一带，立秋日是很忌讳在田地间行走的，人们认为这样会对收成不利。而有的地方，在立秋这天是禁止洗澡的，人们认为这样搞不好会拉肚子。

秋忙会

秋忙会，大多选在农历七八月份举行。其规模与夏忙会比起来，简直不遑多让。对官方来说，秋忙会是为了迎接秋忙而做准备的经营贸易大会，有时还会见缝插针地与庙会活动结合起来举办。对于普通百姓来说，参与的心情，更多像是去喜气洋洋地赶大集。

还别说，这集会还真是热闹，会上有工具市、骡马市，可以交换锄头啦、耕犁啦这些生产工具以及大牛大马这些大牲口。还有粮食市、布匹市、杂货市，可以交换粮食、服装、日杂副食。此外，这种类似于招商引资的大会，当然少不了文艺助兴喽，戏剧、跑马、耍猴，精彩纷呈啊！

贴秋膘

既然有人躲不过“苦夏”，自然就得在秋天时想点弥补的招儿。

秋风凉丝丝地吹起，让人神清气爽的同时，也会让人胃口大开。吃点营养多的，富含维生素A、B、C……X、Y、Z的，特别是各种肉类，这都是进补的佳品。这时，苦了一夏的、肚子里馋虫多的朋友们，可以开始尽情地享受美食了，美其名曰：贴秋膘。

有的地方，这一天去集市，有一件必须要做的重要事，这就是买鸡头菜，学名叫“芡”。带回家爆炒后，真是又脆又香，还可能让人耳聪目明呢！

的确，这一天无论是炖肉、焖肉还是红烧肉，味道都很香，但对于有的地方来说，西瓜同样不错哟！很多地方都流行立秋吃西瓜，名称也很形象，叫“啃秋”。

秋天气候渐渐干燥，皮肤、口、鼻等多有感觉，多吃些生津润肺的水果自然有好处。可各地的习俗可没这么简单哟。天津当地此时流行吃西瓜或香瓜，也称作“咬秋”。意为夏日炎炎之后立秋到来，要赶紧将其咬住，以清除暑气。

清朝人张焘在专门描述天津一带习俗的《津门杂记·岁时风俗》中说：立秋之时食瓜，曰“咬秋”，可免腹泻。其中的一种做法是这样的：立秋前一日，将瓜、蒸茄脯、香糯汤在院中晾一晚，于立秋日吃下。

江苏地区的“咬秋”同样是一种治病小偏方，据说可以不生秋痱子。浙江一带的“啃秋”更像模像样，不管是城市还是乡下，不管是餐厅还是路边的瓜棚，到处都是饶有兴致吃西瓜的人。有条件的，还要美滋滋地喝上几口烧酒，我相信，他们服下的不仅是防疟疾的偏方，更多的是丰收的喜悦。

秋田娱乐

农家人朴实、热情，他们在紧张忙碌的秋忙时节，也会忙中偷闲地享受田间生活的情趣。长成一人高、结出穗儿的苞谷地，就是青少年们嬉戏玩耍的好场地。

地上挖出大小适中的土窑，再留上烟囱口，就是一个天然的土灶。然后把就地取材的嫩苞谷穗搬进去，再添上苞谷顶花，就是天然的柴火。如果再加上点好运气、好技能，从树上搞点麻雀蛋，从田间打点野味儿，和苞谷混在一起，可谓是荤素搭配、喷香喷香的田间大餐啊！

而这完全自助性质的农家乐趣，还真是值得传承的啊。

养生

立秋后温差开始增大，经过了一个夏天的折腾，人的免疫力有所下降，该想想对策喽。

根据天气特点，此时润肺、降秋躁的食物，成了重点关注的对象。除了啃秋的食材之外，有止咳化痰功用的枇杷，也是备受关注。但有一点要记住：肠胃不好时，不能吃枇杷。

立秋后，感冒病菌侵入受了一夏煎熬的小孩子体内，相对要容易很多。这就是所谓的“秋后算账”。相似的例子还有不少，比如开始变干的空气，会诱发咽炎。再比如，一些中年人吹了一夏天的空调也没什么感觉，现在却开始感到关节隐隐作痛。从中医理论来说，这是明显的“不通则痛”。

为了避免这些麻烦事，还是要提早作打算。这时候，爬爬山、慢跑都是很适宜的运动，大家试试吧！

结语

初秋，归根结底，是一个在舒适中富有诗意的时节。宋朝诗人刘翰曾著诗《立秋》：

乳鸦啼散玉屏空，一枕新凉一扇风。

睡起秋声无觅处，满阶梧桐月明中。

只是，这夏天的尾声依然还在，热浪似乎还有反复的可能。好吧，为了彻底告别夏日，走进秋天，我们需要个离开夏天的仪式，让我们走进下一个节气：处暑。

处暑

时间：公历8月23日左右。

寓意：七月中，处，止也，暑气至此而止矣。

●来历

“处”的意思是终止。很明显，走出三伏天，来到秋季的第一个月份申月（农历七月）的下半月后，酷热的夏天即将正式终止了。不过，也有人认为，处暑这天是一年当中最热的一天。江苏地区就流行着这样的谚语：处暑处暑，热死老鼠。

处暑作为第十四个节气，此时从地球的角度看，太阳在天球上沿着轨道来到了黄经150° 。中国长江以北地区的气温开始逐步下降，白天虽然仍很炎热，但早晚的凉意已渐显浓重，旧时所谓的“处暑天不暑，炎热在中午。”

从蒙古高原南下的冷空气，不仅将蹦跶不了几天的“秋老虎”从北方赶到南方，也让北方夏日肆虐的雷暴悄悄遁形，还让东北地区真正进入到秋天，顺带着让我们享受一把全年当中最舒服的天气。

处暑时节，气候变得安详起来，生命也开始变得成熟起来。我国除了华南与西南之外，大部分地区降水显著减少，即将告别雨季。为防止在秋种时出现干旱，这个时候就应该及时蓄水啦。

处暑对葵花、胡麻、菜籽这些晚种的花田作物来说，有着很明显的预示用途。如果它们在处暑前后仍旧不开花、不出穗，那么这一季的收成基本上算是零了。因此，农谚有云：处暑不出头，割了喂老牛。

当然，一旦有了出头之日，那景象可是美得很啊！葵花黄灿灿的一片，竞相开放；纷繁的蓝色花朵簇拥在胡麻田里，汇成点点星海；小糜小黍们用沉甸甸的穗子，将自己压弯了腰。

处暑的三候是：一候鹰乃祭鸟，二候天地始肃，三候禾乃登。

老鹰们到了大显身手的好时节，开始四处出击，大量捕捉鸟类，捉到猎物后还要将战利品如祭品一样列成一排，先满足精神需求，再美美地品尝。天地万物开始凋谢，肃杀之气渐渐弥漫开来。《吕氏春秋》中曾云：天地始肃不可以赢。意思就是说，到

鹰

法国，费利克斯绘，1833年。鹰是肉食性动物，以老鼠、蛇、野兔、小鸟等小型动物为食，大型的鹰可以捕捉山羊、绵羊和小鹿。鹰多数在白天活动，有一双“千里眼”，即使在千米以上的高空翱翔也能看清地面上的事物。鹰是世界上寿命最长的鸟类，年龄可达七十岁。

了秋天肃杀的天地会去掉人身上的骄躁之气，冷静下来，懂得收敛与敬畏。“禾”指的是黍、稷、稻、粱等各类农作物的总称，“登”指的是丰收，秋天来了，丰收就在眼前！

● 风俗

鬼节

同许多节气一样，祭祖同样是处暑时节重要的习俗。不过呢，处暑前后的祭祖活动又显得非比寻常。因为，它主要围绕着一个让人乍听起来有点惊悚的节日来进行，这就是每年七月十五，被佛教称作“盂兰节”，被道教称为“中元节”，又被民间当鬼节来过的“七月半”。

放河灯

英人绘，图中描绘的是中元节放河灯的情形。

据说为了这一天，地狱中的阎罗王在七月初一就早早地打开鬼门关。他要让那些在暗无天日的地狱中受难的鬼魂们，获得短暂的自由，让他们到人间行走，直至月底才将鬼门关闭。

在这段特殊的时间内，民间很早就流行着各种活动，或拜祭招魂逝去的亲人，或安抚四处游荡的孤魂野鬼。祭祀活动非常隆重，要搭建普度坛，架设孤棚、做法事、烧冥纸元宝来超度亡魂。而要救助落难于水中的冤魂，还要另外竖起灯蒿，并放下盏盏河灯。

河灯通常也叫“荷花灯”，是将灯盏或蜡烛固定于木质底座之上，轻轻置于水中，然后任其漂流。相传如果哪个孤魂有幸托着一盏河灯，就会得到托生。

每到中元之夜，河面上就漂满了一盏盏精致的灯火，美得让人流连。可河灯虽美，其情却伤。

秋游与七夕

鬼节不免让人心怀伤戚，但在这大好的秋日时光里，还有更多的人选择到野外放松放松心情。俗话说“七月八月看巧云”，天越来越高、越来越蓝，揽清风入怀，看云卷云舒，人生该有这样惬意的时刻。

我想，这里面一定有许多的少男少女，许多爱意绵绵的情侣。不要忘了，在农历沉重的七月半之前，还有个浪漫色彩浓厚的七月七呢。

七月七，就是“七夕”，是中国传统的情人节，也称“乞巧节”“七巧节”。古时这一天的纪念活动非常丰富多彩，无论是

乞巧节

选自《清俗纪闻》，中川忠英辑，石崎融思绘。图中描绘的是乞巧节祭祀的情形。

月宫奠

选自《清俗纪闻》，中川忠英辑，石崎融思绘。

宫廷还是民间，女子们都要满心期待地拿起针线、陈列瓜果，进行形式多样的乞巧活动，希望自己能更加地心灵手巧。

现在流传下来的七夕传统习俗已越来越少，但牛郎织女忠贞的爱情故事，仍强烈地感染着人们的心。

开渔节

对于现在沿海的渔民来说，七月半要过，七月七要过，额外地，他们还有更现实的节日要过。

处暑一过，就到了渔业收获的好时节。国家为了保护渔业资源，实施了休渔期。等到休渔期一过，就可以出海捕鱼了。在南方浙江沿海一带，将开渔前民间祈求平安顺利的、传统的祭海仪式发展壮大，成为当地旅游名胜，于是开渔节应运而生啦。

这一天，原本静悄悄的码头，变得人头攒动、锣鼓齐鸣。原本风平浪静的海面，变得百舸齐发、竞显风流。

首届开渔节，于1998年在浙江省举办。

食俗

处暑吃鸭子，因为谚语说得好：“处暑吃鸭，无病各家”。

当然，处暑流行吃鸭子，那可是有科学依据的啊。处暑时节，气候虽渐趋干燥，但秋老虎余威尚在，燥热容易使人上火。而鸭肉富于营养，可清热、生津而养阴，出于润肺健脾的考虑，这时候吃性凉味甘的鸭子，最是滋补养生。

当然，鸭的吃法那是五花八门，红烧鸭、烤鸭、核桃鸭、子姜鸭……不用吃，念上一圈，就直让人流口水了。

北京烤鸭闻名天下，所以到了处暑这一天，北京人都忙着到店里去抢购“处暑百合鸭”喽！

养生

处暑时节，白天还很热，夜晚明显凉，温差在渐渐加大，大自然中的阳气逐渐收敛，人体内的阴阳机制也在悄悄转换。

脸上没有青春痘，又爱吃辣椒的朋友，这回可以适当地解下馋了。爱喝酒的，不用别人劝，也可以主动喝点白酒，增强抵御寒气的能量喽。喜咸的朋友也有好消息，这时节可适量吃些诸如沙葛、粉葛等偏咸的食物喽。不过爱吃萝卜的朋友可要忍耐一阵子了，吃萝卜容易伤中气，而人体内的中气此时本就不太足嘛，还是不吃为妙。

另外，人的生物钟，又到了该调节的时候了。恢复早睡早起，才是此时的正道。为了对付秋乏，每天比夏天时多睡一小时，那才好呢！

传说

七夕的浪漫，来源于牛郎和织女缠绵动人的爱情故事。

相传很久以前，有一个叫牛郎的放牛郎，他父母双亡，即使牛郎为人忠厚质朴、勤劳能干，也只得整日在哥嫂的白眼中辛苦度日。

有一次，狠毒的嫂子让他去放九头牛，却告诉他必须要带回十头牛才能回来。这分明是难为人，要将牛郎扫地出门嘛！

牛郎很委屈，也很无奈。交给自己九头牛，却要带回去十头牛，怎么办呢？牛郎觉得自己就算费尽九牛二虎之力，也是白搭。

正当牛郎一筹莫展之时，好人有好报，他遇到了一位白胡子老神仙。在同情他的老神仙的指引下，牛郎在伏牛山里找到了一头正在生病的老牛。经过牛郎精心的服侍，老牛的病渐渐好转。牛郎高高兴兴地带着老牛回家了。

牛郎和织女

古代版画。

这头老牛可不简单，它是一头神牛。回到家后，嫂子表面没说什么，却屡次要在暗中谋算牛郎。可惜，都被老牛识破，帮牛郎化险为夷了。

到最后，嫂子气急败坏，索性撕破面皮，将牛郎赶出了家门。

牛郎身边只有老牛了。有一天，他们在河边遇到了下凡的仙女——织女和她的姐妹，她们正在水中沐浴。织女最拿手的事情，是在天上织云彩。

在老牛的指点下，牛郎悄悄偷走了织女的羽衣。结果，其他的姐妹都穿好衣裳飞回了天庭，只有织女无法回去。牛郎与织女一见钟情，织女答应做牛郎的妻子。从此，两个人男耕女织，并生下了两个可爱的孩子，过起了幸福的生活。

老牛也很开心，但不久后它真的生病了，很快死去。临死前，它告诉牛郎，遇到困难时披上它的牛皮就可以获得帮助。

不久，王母娘娘知道了织女私留凡间，立刻大怒不止，命天神下凡捉拿织女。天神趁着牛郎不在家时，捉走了织女。牛郎想起了老牛的话，马上披上牛皮，顿时感觉身轻如燕。他急忙用扁担挑起两个孩子，飞上云端，朝织女的方向追了过去。

眼看越来越近了，突然，一直关注着牛郎动静的王母娘娘，拔下头上的簪子，在织女身后一划，就凭空出现了一条波浪滔天的银河。

牛郎追回妻子的愿望落空了，从此两人只能隔河相望，他俩变成了牵牛星与织女星，用泪水寄托情思。

后来，牛郎与织女的爱情感动了天上的喜鹊，它们每到农历七月七日这天，就会聚集在一起，在天河之上搭起一座鹊桥，让牛郎与织女相会。

此后，每年的七月七，就成了有情人最好的纪念日。

结语

处暑，是一个让人开始感受到丝丝清凉的节气。不知其中的冷意是否也曾感染到一些人、一些事。清朝康熙的第十四子胤禵曾写下《七夕处暑》诗：

天上双星合，人间处暑秋。

稿成今夕会，泪洒隔年愁。

梧叶风吹落，璇霄火正流。

将陈瓜叶宴，指影拜牵牛。

白露

时间：公历9月7日至9日之间。

寓意：水土湿气凝而为露。秋属金，金色白，白者露之色，而气始寒也。

●来历

此时，太阳的位置不知疲倦地转到了黄经165°。如果说处暑是暑气终止的象征，那么真正象征着天气转凉的，就是白露。古籍《礼记》中写道：凉风至，白露降，寒蝉鸣。

"阴气渐重，露凝而白也。"露，指由于温度低，造成水汽在地面或近地物体上凝结成水珠。用气象学观点来解释呢，就是这样：到了此节气，天气真正变凉了，白天与夜晚温差迅速拉大，空气中的水汽冷凝成细小的白色水滴，悄悄地附着在花草等植物的身上形成露水。到了清晨，经阳光一照，露珠看上去晶莹

飞雁

日本画家绘。鸿雁，是大型水鸟，主要栖息于湖泊、水塘、河流、沼泽及其附近的地区，以植物的叶、芽为食，也吃甲壳类或软体动物。鸿雁喜欢成群活动，每年9月至10月份都会结群迁徙。

亮洁，美不胜收。

白露，果然是个好听又好看的名字。

进入九月，秋天的气息才正式地扑面而来。谚语说得好：处暑十八盆，白露勿露身。意思是说，处暑天还热着呢，每天都得用水冲凉。但仅仅过了十八天，到白露时就得小心，不能再随便露胳膊露腿了，不是风化的问题，而是容易伤风的问题哟。

进入白露，也就进入了仲秋时节。天高云淡，气候宜人，连夏日里讨厌的蚊子都开始知趣地躲远了，“喝了白露水，蚊子闭了嘴”嘛。而田野间花木依然繁茂，像秋海棠、紫茉莉、木芙蓉等花朵，都开得极为艳丽动人，可谓玉露生凉，丹桂飘香。古诗曾如此描绘：“日照窗前竹，露湿后园薇。夜蛩扶砌响，轻蛾绕竹飞”。

白露的三候，都显得那么养眼：一候鸿雁来，二候玄鸟归，三候群鸟养羞。

鸿为大，雁为小，自北而来南。九月白露时节，恰是农历八月，“八月雁门开，雁儿头上带霜来”，说得恰如其分。对气候极为敏感的候鸟们，已经向同伴发出集体大迁徙的信号，在某个月明风清的夜晚，不仅是大雁，黄雀、柳莺、绣眼等鸟儿，也不约而同地启程了，开始了它们颇为壮观的旅途。玄鸟即黑色的燕子，为了食物和避寒，它们也加入了南飞的大军行列。

而在北方过冬的留鸟们，则是另一番景象。“养羞”，《礼记》中的解释是：羞者，所美之食。就是说，它们整天忙忙碌碌，为的是收藏过冬的食物啊。如果真的存在不做任何准备的另类，那也只能是顶着鸟名、实为鼠辈的寒号鸟之流吧。

北望雁门关

选自《古琴曲〈秋鸿〉图谱册》，明人绘，绢本，设色。

白露，被百鸟们形态各异的忙碌打扮得分外舒展，不过，美好的时光总是短暂的。

由南向北的夏季风已逐渐被由北向南的冬季风取代，冷空气南下的脚步愈来愈快。俗话说得好，“白露秋分夜，一夜冷一夜”。夏花凋零，候鸟南飞，在这唯美的画面背后，伤秋，已悄悄蕴藏。

唐人羊士谔在《郡中即事》中云，“红衣落尽暗香残，叶上秋光白露寒”，唯美中透露出点点寒意。大诗人白居易更是对白露节气的凉夜有着深刻的体会，“清风吹枕席，白露湿衣裳。好是相亲夜，漏迟天气凉”。

此时，不愿退避三舍的暖空气，在和愈发强势的冷空气进行着最后的抵抗，较量的结果，往往是各地天气呈现不同的效果。东南沿海受台风影响可能会出现大暴雨，而西南、华南、华西等地区既可能出现连绵秋雨，四川、贵州地区则容易出现“天无三日晴”的细雨霏霏气候。

秋雨虽富有诗意，却并不见得对田地有利。一般的民俗认为，白露期间如果下雨，雨下在哪里，苦就在哪里。农谚特意说道：白露前是雨，白露后是鬼。意思是说，白露后下雨，会使收割后的庄稼发霉，还会让地里生虫。

有些地区还可能秋夏连旱，“春旱不算旱，秋旱减一半”。秋旱的威力够可怕吧！需要特别提醒的是，空气过于干燥，要注意防火啊。

总的来说，白露仍是个开始收获的季节。经过一夏的忙碌，此时是一年当中最舒适的时节，此时的田野，是一年当中最美的田野。

“高粱要欠火，谷子要熟透”“谷子上场，核桃满瓤”，白棉花像云，红高粱似火，冬小麦即将播种，人们沉浸在一派丰收的喜悦当中。

● 风俗

祭禹王

在太湖地区，每到白露，都要举行隆重的祭禹王活动。

禹王，就是那位著名的治水英雄大禹。在太湖渔民的眼中，他还是消灾除难的“水路菩萨”。其实在当地，祭祀大禹的日子不止这一天，正月初八、清明、七月七、白露，都有祭祀大禹的香会等活动，不过，这些活动中以清明、白露的规模最大，要热热闹闹地过一周呢。

这期间，禹王是当仁不让的主角。不过，热情好客的太湖人也对其他神祇心怀敬重，他们在节日期间还同时祭祀土地神、花神、姜子牙、门神，等等。据说，祭祀期间必不可少的一场戏，是表达着渔人自强不屈的《打渔杀家》。

食俗

在福建福州地区，在白露时有个传统习俗：吃龙眼。

民间流传着，白露这一天必须要吃龙眼，因为龙眼有大补之神奇功效，吃一颗的进补效果就相当于吃了一只鸡！听起来好神奇哟，信不信由你。不过这个时期的龙眼，的确比平常时个儿

龙眼

选自《清俗纪闻》，中川忠英辑，石崎融思绘。龙眼，又称桂圆，可生吃亦可加工成干制品，肉、核、皮及根均可入药。浙江一带流传着一个杨贵妃和龙眼的故事。杨贵妃生病了，什么东西都吃不下，唐玄宗非常着急。一位大臣向唐玄宗推荐了一种水果，杨贵妃一看到这个水果就有了食欲，吃下之后病也好了。因此，唐玄宗给这个水果取名“龙眼”。

大、味儿甜。再加上龙眼本就具有养血、益气、润肤的本领，对贫血、失眠等症都有好处，所以吃了就是补啊！至于补多少，因人而异喽。

在苍平、南阳等地，到了白露这一天，人们要采集十种（一说三种）带白字的草药，如白毛苦、白木槿等，用来煨乌骨白毛鸡（或鸭）。这可不仅是在字面上与白露相呼应，美滋滋地吃下去就知道了，原来这是滋补身体、祛除关节炎呢！

旧时农家人认为，要是白露吃了番薯，整整一年都可以放心大胆地、大吃大嚼番薯丝和番薯丝饭，而不必担心犯胃酸的毛病啦!

在旧时的苏浙一带乡下，到了白露时，家家自酿土酒，用以待客。这酒用高粱、糯米等五谷酿成，温中含热，略有甘甜，亦称“白露米酒”。

白露米酒中的上品，是程酒。其酒因取程江水酿之而得名，为古时的贡酒。其美名在《水经注》《九域志》，甚至《晋书·武帝纪》当中，都有记载。直至二十世纪三四十年代，南京城的酒店里还有售白露米酒，但后来渐失踪迹。

老南京人不仅对白露米酒情有独钟，他们对白露茶也颇为青睐。

经过酷夏的考验后，来到白露时节的茶树，也来到了它们最佳的生长期。这时采摘的茶叶，已不似初长成的春茶那样娇嫩、不禁泡，喝起来也没有夏茶的苦涩，而有一种独特的清香，闻上一口就让老茶客们很是欢喜啊！

养生

“春捂秋冻”是一句流传甚广的俗语，“秋冻”可以增强人抵御寒冬的能力。不过，可不是人人都适合这一条哟。

糖尿病和心血管疾病患者，往往就需要多加小心，注意保暖，以防因冷空气的刺激而诱发严重的病症。另外体质较弱，伴有支气管哮喘的患者，受早晚温差大和秋燥的影响，也极易发病。咳嗽起来，一时半会儿也好不了，难受得很啊！

所以，对上述人群来说，保暖，是必须要做好的。俗话说“寒从脚起”，脚的保暖非常重要。

不要怕麻烦哟，谁让这时节是多事之秋呢！为了身体健康，值了！

传说

传说，当白露的第一道曙光出现时，将一颗绿宝石放进恋人的手里，这对恋人就会得到特别的赐福。从此以后，无论遭遇什么不测，他们的恋情都会海枯石烂、地老天荒。

这当然是美好的祝愿。善良的人们，往往还懂得感恩。

在太湖中有俗称地肺、占地不满百亩的四昂，其北昂就是现在的平台山，四昂上曾建有四座禹王庙，渔人们一直虔诚地感激着心目中的除妖英雄：大禹。

传说大禹在治理洪水的过程中，来到了太湖，发现这里正有鳌鱼水怪祸害百姓的现象。此怪法力甚强，大禹一时也难以收服。后经高人指点才知道，原来此怪名为无支祁，形似猿猴，力大无穷。它原在天界，后触犯天规，被贬为观音脚下的鳌鱼。谁想此怪劣性不改，趁看管不备，私逃至太湖兴风作浪，又是拱船，又是吃人，闹得渔民个个惊恐，都不敢出来打鱼，只能杀猪

夏禹王

选自《古今君臣图鉴》，明，潘峦编绘，明万历十二年益藩阴刻本。禹，姓姒，名文命，夏后氏首领，后世尊称“大禹”。传说，禹是颛顼的曾孙，黄帝的第六代玄孙。禹是中国古代与尧、舜齐名的圣贤君王。《史记·夏本纪》记载，舜死后禅位于禹，禹守孝三年，把帝位禅让给舜的儿子商均，但“天下诸侯皆去商均而朝禹”。于是，禹即天子位，以安邑（今山西夏县）为都城，定国号为“夏”。禹是夏朝的第一任天子，因此又被称为“夏禹”。

宰羊地供奉着无支祁了。

禹王经过一番冥思苦想，终于想出了一个好办法。

无支祁听说禹王要送给自己一对当年舜帝留下的宝贝金铃，简直乐不可支。它以为这是禹王服软了，要讨好自己呢，便一口气答应下来。

当大禹将金铃串过它的鼻孔时，无支祁还美呢。哪曾想它一高兴，金铃随着抖动，发出悦耳之声。无支祁就觉得浑身发软，它身上神奇的气力也随之消失得无影无踪了。上了当的无支祁跌倒在地，起不来了。

禹王周围的人借机一拥而上，将无支祁锁了起来，其头在平台山，四座小岛为它的躯体。禹王干脆坐在鳌鱼头上，使其无法逞凶，但禹王屁股只要一动，鳌鱼就挣扎着想作怪。后来，人们索性建起了禹王庙，将河妖压了个结结实实。

大禹，终于建立了“震泽底定”之功。

现在的平台山，远看上去，像一口倒扣的大铁锅。传说，这个“大铁锅”就是当年禹王为扣住水怪的脑袋所铸。当地民间一直流传着这样的说法：无论水多大，平台山都能随潮涨潮落升降，不会被淹没。

结语

《诗经》有云：蒹葭苍苍，白露为霜。

晨露易逝。白露，让人心生沉静的同时，也学会感激与珍惜。如此，我们的收获不仅有田野的踏实，还有那些如白露般在心头短暂停留的过往。

秋分

时间：公历9月23日左右。

寓意：秋分者，阴阳相伴也，故昼夜均而寒暑平。

●来历

当太阳来到黄道180° 时，我们来到了第十六个节气：秋分。

和春分一样，秋分也是古人最早确立的节气之一。这一天阳光几乎垂直地照射赤道，白天与黑夜再次实现哥俩好，等分了时间。对于北半球来说，从今天开始，白天开始变短，夜晚开始变长。

到了秋分，全国大部分地区都步入了凉爽的秋天。总体降水量趋于减少，连雷雨都渐渐收拾起火爆的脾气，开始变得温柔起来。

八月桂花香，真让人心旷神怡。

可雷声虽然渐行渐远，这秋风细雨却时常不请自来，连绵不断。甚至夜雨的频率也在增加。配合着愈发清冷的温度，很会营造“一场秋雨一场寒”“秋风秋雨愁煞人”的凄美意境啊。晚唐诗人李商隐曾留下让人倍感惆怅的诗句：君问归期未有期，巴山夜雨涨秋池。

一候雷始收声，二候蛰虫坯户，三候水始涸。秋分的三候，说得差不多就是上面这点事儿。

“雷，二月阳中发声，八月阴中收声，入地则万物随入也。”在古人眼中，雷是因阳气盛才发作的，而阴气开始渐旺时就该收声了，秋分正是这个节骨眼儿，几乎听不到打雷声了。

《礼记》曾有注：坏，益其蛰穴之户，使通明处稍小，至寒甚，乃墐塞之也。坏，就是“细泥”的意思，天气变冷了，蛰居的小动物们不那么活跃了，它们藏在洞穴中的时间明显增多，并开始用细泥将洞口封严来御寒。

《礼记》中还曾说：水本气之所为，春夏气至，故长，秋冬气返，故涸也。很好理解，天气变干，地上水分蒸发掉了，河流水位下降，甚至干涸了。

但秋分后一定没有大雨吗？也可能有特殊情况。在山东一带就有这样的农谚：秋分节日到，青蛙仍在叫，秋末还有大雨到。

节气如此，对于务实的农家来说，该做些什么呢？他们现在正忙得脚打脑后勺，紧张得很呢！因为，秋分恰是“三秋”大忙的黄金分割点。所谓“三秋”，是指秋收、秋耕、秋种。

俗话说，夏忙半个月，秋忙四十天。秋天正是收获的好时节，棉花吐絮，烟叶变黄，农作物都需要抢收、晴晒，秋种与秋耕也要高度重视。南、北两地作物有差异，华北地区流行“秋分种麦正当时”，作为呼应，华南地区则流行“秋分天气白云来，处处好歌好稻栽”。

你要种冬小麦，我这水稻也等不得啊。要说共同点嘛，也不是没有。不分南北，都要牢记一个“早”字哟。

● 风俗

祭月节

大家都知道八月十五中秋节，但很少有人知道中秋节其实是由古时的“祭月节”演变而来的，更少人知道祭月节就是每年秋分的那一天。

古时的皇帝们，讲究的事可多啦，真是一年四季都不歇着。所谓“春祭日，秋祭月”指的就是这个。详细点说，就是春分祭日，夏至祭地，秋分祭月，冬至祭天。连祭祀的场合名气都很大，分别称为日坛、地坛、月坛和天坛。

一年一度的祭月，就选在了秋分这天的夜晚。

可是祭着祭着，问题来了。秋分具体是哪一天按农历来说并不固定，赶到月中自然是成人之美，月亮又大又圆，赏起来别有兴致。但若是不巧赶在月初或月末，月亮只眯成了一条缝，或干脆难觅踪影，这祭起来岂不扫兴？于是啊，古人们坐下来一商量，干脆将祭月活动由秋分改到月亮想不圆也不成的农历八月半得了。

后来中秋节的活动越来越多，从官方到民间，影响也越来越大，渐渐成为我国传统的重要节日。吃月饼、赏明月、盼团圆，人们赋予中秋节的主题越来越鲜明，形成了广为流传的中秋文化。

竖蛋

春分竖蛋较易，秋分这一天同样也不难哟。

这一天，世界各地的人们又要不由自主地惊叹了，这光溜溜、平时想竖起来难上加难的小小鸡蛋，现在竖起来的成功率竟然大大增加！

其中的奥妙，同春分时是一样一样的啊。

吃秋菜

春分时有可口的春菜，为了对称和阴阳平衡，吃秋菜就是一件很容易理解的事了。

还是那个岭南地区开平苍城镇的谢氏人家，到了秋分这天，全村人都要出动，到乡间去寻觅野苋菜，又叫“秋碧蒿”。其特征是：细细棵、嫩绿、约巴掌长短。不多时，秋菜就被采得满筐满篓的。

野苋菜营养多多，富含胡萝卜素、维生素C，吃后可以增强人体的抗病能力。村民们回家后用鱼片滚汤，名为“秋汤”。不要小看这汤啊，当地有顺口溜为证：“秋汤灌脏，洗涤肝肠。阖家老少，平安健康。”

如果一边吃一边念，听起来倒有点像某种口诀。想一想却不禁心领神会，这是当地人对未来美好生活的热切期盼啊！

送秋牛

春分时有人送春牛，可事儿还没完呢。这不，秋分一到，挨家挨户送秋牛图的就上门了。春分有春官，秋分送秋牛的，当然得叫秋官喽。

秋官同样需要口齿伶俐、人情练达。台词自然要改，都是随机脱口而出的，和送春牛一样哪成啊！得适应节气变化嘛。最后离开时的笑容倒是和春分不差分毫，因为主人家慷慨解囊啦。

粘雀子嘴

与春分目的一样，秋分的汤圆也是照吃不误。吃完汤圆后，雀子嘴也是照粘不误。二三十个不用包心的汤圆，用细竹叉扦着放到地头，有了它，雀子们的嘴啊，又被人惦记上了。也难怪，雀儿们其实很听话的，吃饱了就不会再祸害庄稼了。

放风筝的也到处都是，春秋两季气候相似，风俗体验也大体相同。造型繁多，惟妙惟肖的各种风筝，在碧空中悠闲地摇曳，放得最高的那个，主人别提有多得意了。

是啊，忙要忙出价值，玩要玩得开心，不要辜负了好时光啊。

养生

这时节，该注意防止寒凉之气上身了。不是很热的天气，已经用不着开空调了。如果实在要开，时间也不要过长哈。

秋天需要养肺。中医理论中，肺与口鼻、脾肝都有联系，所以秋燥之气侵犯口鼻皮毛时，就有可能伤及到肺。于是，有润肺本领的果蔬，如秋梨、苹果、银耳等，就都成了养生的佳品。

秋分后，秋天已经过半，开始迈入深秋。瑟瑟冷风中，人们难免会产生伤秋的愁绪。想避免这样的伤感，其实并不难。

从生理上讲，伤秋缘于气温给人带来的不适感。有一个小窍门可以尝试哟：多喝水。当水的摄入量达到人体内百分之七或八时，人体的新陈代谢就会明显加快，体燥反应就会大大减轻。

从心理讲，悲秋会使人抑郁。那还等什么？加入到集体活动中，锻炼呗！找三五个伙伴，或登山，或打球，或做体操，适宜的运动太多啦！再不济，一个人运动也是好的，不仅能调节身体各部机能、增强免疫力，还能驱散忧郁、振奋精神呢。

传说

民间热衷于在中秋节这天拜月亮，这里面还有一个动人的传说。原来，月宫里住着一位美丽的仙女嫦娥呢。

古时候，天上并不是只有一个太阳，而是有十个。一个太阳有时候都热得够呛，十个太阳得晒成什么样啊！那可真是灾难性的情形，大地上一片焦土，寸草难生，人们苦不堪言。

这时候，一个英雄挺身而出！他叫后羿，是一名神射手，一心要拯救人们于苦难当中。他挽弓搭箭，连着射落了九个太阳，只留下最后一个为人们造福。

从此，后羿深受人们爱戴，许多人慕名来投奔他学艺。这里面，有一个叫蓬蒙的小人。

嫦娥

选自《百美新咏图传》，清，颜希源撰，王翙绘图。嫦娥，又称姮娥，神话传说中后羿的妻子。有关嫦娥的身世说法很多，有人说嫦娥和常仪是同一个人，是帝喾的妻子。还有人说嫦娥是帝喾和常仪的女儿。在民间传说中，嫦娥是偷吃了后羿从王母娘娘那里得到的长生不死药飞升成仙的。因此，唐代诗人李商隐写到：嫦娥应悔偷灵药，碧海青天夜夜心。

羿射河伯，妻彼雒嫔

选自清代《钦定补绘萧云从〈离骚〉全图》。《楚辞·天问》中写道：“帝降夷羿，革孽夏民。胡射夫河伯，而妻彼雒嫔？”雒嫔，又称“宓妃”，是河伯的妻子。传说，宓妃貌美，后羿射杀了她的丈夫河伯，并娶她为妻。

一个偶然的机会，后羿从昆仑山的王母那里得到了长生不死药。他将不死药交给他深爱的妻子嫦娥保管。嫦娥把它放在了百宝匣里。

不幸的是，嫦娥手中有不死药的消息，被心术不正的蓬蒙得知了。趁着后羿某一天外出的机会，蓬蒙露出了丑恶的嘴脸，他手持凶器，闯入嫦娥的屋中，威逼嫦娥把药交出来。

危急时刻，嫦娥一边与蓬蒙周旋，一边想办法：绝不能让这贼人得逞！

可蓬蒙一副得不到不死药就不罢休的架势。情急之下，嫦娥打开百宝匣，将不死药一口吞了下去。蓬蒙急得直跺脚，气得想扑上去要杀害嫦娥。可转瞬间，不可思议的事情发生了！

尧帝命羿射九日

选自《新刻按鉴编纂开辟演义通俗志传》。《淮南子》记载：尧之时十日并出，焦禾稼，杀草木，而民无所食，羿上射十日，万民皆喜，置尧以为天子。我们常说“后羿射日”，其实奉帝尧之命射日的大羿，并非后羿。根据《山海经·海内经》记载，大羿是统一东方各部落的十日国首领。后羿，又称夷羿，传说是夏王朝时东方族有穷氏的首领，擅长射箭。后羿放逐耽于游乐田猎、不理政事的夏王太康，太康死后立太康之弟仲康为夏王，国家实权则掌握在后羿手中。但他只喜欢四处打猎，后被亲信寒浞所杀。

连嫦娥自己都没有想到，自己的身体突然变得轻飘飘的，一下子就冲出窗口，飞了起来。她越飞越高，直奔天庭。

嫦娥成仙啦！但她却再也回不到人间了。出于对尘世的满心思念，她在离人间最近的月宫停了下来。这一天正好是农历八月十五。

当后羿晚上回来发现这一切时，已经太晚。蓬蒙早就逃走了。后羿悲愤地仰望夜空，却发现皎洁的月亮里，有一个熟悉的身影。嫦娥！没错，就是他深爱的妻子！

后羿赶紧派人摆上香案，放上嫦娥爱吃的瓜果，对着月亮拜了下去，寄托着心中无限的情思。打这儿起，闻知嫦娥成仙的消息后，每年的这一天，人们都会自觉地拜月、赏月，同时更加珍惜人世间的团圆。

结语

唐代大诗人杜甫曾留下这样的诗句："凫雁终高去，熊罴觉自肥。秋分客尚在，竹露夕微微。"秋分，一个相对干净、恬淡的节气。大自然让白天与夜晚绝对的平等，哪怕人间只有这短暂的一日。接下来，我们即将步入的下一个节气，愈发寒凉的增强版白露：寒露。

寒露

时间：公历10月8日或9日。

寓意：九月节，露气寒冷，将凝结也。

●来历

古籍中对寒露的解释很多，除了本文寓意中的话援引自《月令七十二候集解》外，《素问·六元正纪大论》曾记载：五之气，惨令已行，寒露下，霜乃早降。《通纬·孝经援神契》中则说：秋分后十五日，斗指辛，为寒露。言露冷寒而将欲凝结也。还有史书解释说：斗指寒甲为寒露，斯时露寒而冷，将欲凝结，故名寒露。

其实呢，意思大同小异，就是指露气冷得快凝结了。具体一点说，寒露的意思就是此时的气温比白露更低，植物上的露水，已经由晶莹发白，变得寒光四溢，快要结成霜了。俗话说“寒露寒露，遍地冷露”，俗话又说“吃了寒露饭，单衣汉少见”。

这个时候，太阳位置移至黄经195°。寒露，象征着天气由凉快逐渐走向寒冷。到了寒露，全国上下一派深秋景象，甚至有少数北方地区已经开始嗅到冬天的气息了。

寒露的三候为：一候鸿雁来宾，二候雀入大水为蛤，三候菊有黄华。

南迁的大雁们，正排成一字形或人字形，成群结队地飞行，成为北方秋日天空中最惹人注目的风景。可当大家低下头时，却发现身边平日里叽叽喳喳的鸟雀们现在却少得可怜，它们都去哪儿了？同样怕冷，它们选择的是另外一种生存方式。不过，不要为它们的消失而惆怅。且看，那一朵朵金黄的花，盛开得多么鲜艳啊！

对农家人来说，寒露的到来，同样意味着秋收、秋种到了关键期，要加把劲儿了。否则可能影响到明年的光景哟。

农谚说："寒露时节天渐寒，农夫天天不停闲。"如棉花之类的秋熟作物，要在趁着晴天抢收的同时，及时做好脱粒和翻晒工作。而淮南地区，自北向南则陆续到了油菜、麦子的播种期，同样不得轻闲呢。

谚语说得好："黄烟花生也该收，起捕成鱼采藕芡。大豆收割寒露天，石榴山楂摘下来"。好一派硕果累累的丰收景象！

还有成熟期在寒露前后的蜜桃，属北方晚熟的桃品种，现在熟透了的样子，已让人垂涎欲滴了吧。不过不能光有采摘的愉悦，同时也要注意避免如广告中"我们是害虫，我们是害虫！"的烦恼，及时做好防治工作啊。

而对于此时处于生育期的南方晚稻来说，害虫并不可怕，比害虫还可怕的，是让晚稻们闻之色变的"寒露风"。也有的地区管"寒露风"叫"社风""不沉头"，不过都不是什么褒义词。晚稻们抽穗扬花时，遇到低温的寒露风，会导致瘪粒，严重减产。

所以农谚说得好：稻怕寒露风，人怕老来穷。看看这比喻就知道，寒露风在南方稻区的名声有多恶劣。对于那些不怕外面的风吹雨淋，长在温室里的花朵——靠大棚过冬的蔬菜们，可要利用好先天优势抓紧培育啊。

当然喽，也不能光顾着享福，要及时搞好棚室建设与护膜的准备哟。

●风俗

登高

秋高气爽时，出游山野间，登高远眺，看云淡风轻，岂不快哉！

特别是农历九月深秋的北方，如首都北京一带，又到满山红叶时。著名的香山、景山公园、八大处等旅游胜地，正值枫叶烂漫，游人如织的时节。满山的红让人情不自禁地陶醉其中，一边爬山，一边赏叶，不知不觉中，让人忘却登山之苦，心胸开阔，志存高远。

菊花

日本画家绘。菊花，花中四君子之一，有孤傲、高洁、高雅、超凡脱俗、不与世俗同流合污、宁为玉碎不为瓦全等多种寓意，常出现在文人的诗词歌赋及画作中。

赏菊

菊花，开在一年一度的秋末，故又称“秋花”。古文中，“菊”有“穷”之意，就是说每年花事到此就该结束了。

菊花乃我国名花，颜色多样，惹人喜爱，更是四君子之一。人们争相赏菊的活动从古沿到今。菊花不仅美，菊花茶还可清肝明目，据说可使人长寿。由糯米与酒曲酿制而成的菊花酒，味道清凉甘美不说，同样能延年益寿呢。

东晋喜欢隐居的大诗人陶渊明，更是对菊花情有独钟，而菊花高尚的品节，也同视权贵如烟云的陶渊明相若。故而赏菊且懂菊的陶渊明，才留下了流传后世的名句："采菊东篱下，悠然见南山。山气日夕佳，飞鸟相与还。此中有真意，欲辩已忘言。"

恬淡中有傲骨，像菊花一样自在清高地绽放。赏菊，果然赏心悦目。

重阳节

每年的农历九月初九，就是大家非常熟悉的节日：重阳节。

据考证，战国时期，重阳节就已初步形成，到了唐代时已成为正式的民间节日。每到此时，无论皇宫还是民间，都会赏菊登高、遍插茱萸、饮菊花酒、吃重阳糕。完成这些必须完成的活动，既求了长寿，又玩儿得有滋有味。唐代诗人孟浩然，就留下了脍炙人口的佳句：待到重阳日，还来就菊花。

重阳节一词出现在史籍中，是在三国时代曹丕的《九日与钟繇书》中。到了宋代，已发展得非常热闹，《东京梦华录》《武林旧事》中都有当时盛况的记载。明代更是打九月初一起，就开始有宫妃迫不及待地吃花糕搞庆祝了，据说皇帝在重阳这一天也会兴致勃勃地到万岁山登高览胜。

到了现代，为了提倡全社会对老人的关注、表达祈盼老人长寿的意愿，在上世纪八十年代，重阳这天又被定为“老人节”“敬老节”。

吃螃蟹

俗话说得好，“西风响，蟹脚痒”。眼看过了十月，美味的大螃蟹越来越肥，就该摆到大家的餐桌上啦！金秋吃螃蟹，快成了不成文的食俗了。

不过，这吃螃蟹可大有讲究哩！俗话又说啦，“九月团脐，十月尖”。农历九月是吃团脐的母蟹的好时机，因为此时母蟹卵满、黄膏丰腴。而到了农历十月，公蟹才姗姗来迟地肥透了呢。

吃货们在吃螃蟹时不能光顾着猛啃，得瞧准了辅食是什么。如果与柿子同吃，一不小心，就可能乐极生悲，形成胃石啊。另外，过敏体质、怀孕期的准妈妈、高血脂患者，最好都不要吃螃蟹啦。

至于吃螃蟹的注意事项嘛，除了现蒸现吃讲卫生，尽量不喝啤酒外，为了防止进食寒性物过量引发不必要的麻烦，还有很关键的一条：一顿最好只吃一只。

对于后面一条，我代表大家表示有点为难哦。吃货们，美味当前，咱受得了这么苛刻的条件吗?

养生

“金秋之时，燥气当令”，寒露时如果人不注重保养，很容易出现咽喉发干、皮肤发紧、鼻子发燥等现象。少吃辛辣类食物，注意保暖，润肺养胃等，都是此时节养生的主题。

中医强调，“春夏养阳，秋冬养阴”。秋季阳气开始收敛，可以多吃些核桃、牛奶、番茄等食品。同时，为了增强体质，可以适当地多吃些鸡鸭鱼肉啦！

起居方面，宜早睡早起，《素问四气调神大论》中就明确指出，“秋三月，早卧早起，与鸡俱兴”。不一定非得闻鸡起舞，但睡眠时间足够，睡眠质量有保证就可以了。此时节睡得时间过长，有增加血栓的风险呢。

有晨练习惯的朋友也不要暗中得意嘛，这时节起床后一定要观察下外面的天，如果雾蒙蒙的，到户外运动的想法就得省省啦。因为，在浓雾的环境中进行剧烈运动是有害身心的！室内同样可以运动。

再说了，就算在室内洗个澡，也有养生价值啊。只是，有趣的现象发生了，同夏天提倡洗

竹篓螃蟹

齐白石绘。中国有悠久的食蟹历史，《逸周书·王会解》《周礼·天官·庖人》中均有食蟹的记载。《世说新语·任诞》记载，晋毕卓“右手持酒杯，左手持蟹螯，拍浮酒船中，便足了一生矣。”。自此，人们便把吃蟹、饮酒、赏菊、赋诗，作为金秋的风流韵事。

热水澡正好相反，此时洗冷水澡，对健康大有裨益哟。它可以增强血液循环，减少心血管疾病的发病率，促使大脑清醒。因此，这时候的冷水浴，还有个美称呢：血管体操。

当然啦，洗冷水澡的温度要循序渐进才行，否则会着凉的哟！

传说

关于重阳节的由来，有许多美丽的传说，其中广为流传的一个发生在河南。

在东汉时期的汝南县，有个叫恒景的小伙子，他与妻子夫唱妇随，孝敬双亲，一家人和和美美地生活着。

可是有一天，他们的幸福被打破了。旁边的汝河里，不知什么时候出现了一个瘟魔。这家伙没事就施展妖术，使得附近的村庄相继瘟疫肆虐，搞得不少人家流离失所、家破人亡。

恒景是个热血青年，他愤怒了！为了为民除害，他要去求仙学艺。带上干粮，与家人洒泪分别后，恒景的足迹遍及各大山川，磨破了无数双鞋子。但是吃再多的苦他也不在乎，他暗下决心，不学到本领决不回还！

功夫不负苦心人，终于，在东南方的大山中，他寻到了一位叫费长房的仙人。恒景家乡的遭遇与他的真诚，感动了老神仙，费长房答应收他为徒，并送给他一把青龙剑。从此后，恒景悉心学习除魔的法术，苦练使剑的本领。

终于，恒景学成了！这一天，费长房告诉他，九月初九时，瘟魔又要出来害人，让他赶快回家除害，并让乡亲们登上山顶躲避！临别时，非长房还送给恒景一包茱萸叶、一瓶菊花酒。

恒景回到家乡，在九月九那天把茱萸叶分给大家，使妖魔不敢靠近。他又让乡亲们每人喝了一口菊花酒避瘟疫，然后让他们都爬到附近的一座山顶。自己留下来，静候瘟魔。

中午时分，一阵妖风过后，瘟魔嚣张地从河里来到了村边。他张牙舞爪地想害人，却发现村子里一个人也没有！仔细一瞧，他发现了山上的人们，气得直追过去。可刚到山脚下，就远远地闻到了茱萸叶的清香，还有诱人的菊花酒的味道。

瘟魔遇到了克星，感到一阵阵的头晕眼花。机不可失！恒景手提宝剑就冲了上去，与瘟魔展开生死搏斗！

恒景剑法出众，妖魔不是对手，转身要逃！说时迟，那时快，只见恒景在后瞄准妖魔，猛地将宝剑射出！一道寒光闪过后，飞剑牢牢地将瘟魔钉死在地上。

妖魔被除掉了，从此人们再也不用担心受瘟疫的侵扰了。而每年的九月初九，就成了为纪念恒景的日子。登高、插茱萸、吃菊花酒等一系列习俗，也成了过重阳节时不可或缺的重要内容。

结语

有登高，有赏菊，无论如何，寒露再如何接近深秋，都不会寂寞。

正如唐代诗人严维曾留下如下诗句：

上客南台至，重阳此会文。

菊芳寒露洗，杯翠夕阳曛。

霜降

时间：公历10月23日左右。

寓意：九月中，气肃而凝，露结为霜矣。

●来历

太阳位置到达黄经210° 时，我们来到了秋天的最后一个节气：霜降。

关于霜降，古籍《二十四节气解》中解释说：气肃而霜降，阴始凝也。也就是说，随着气温的不断下降，大地上开始出现初霜。初霜，也叫“早霜”，有的地方还因为菊花盛开，美美地称它为“菊花霜”。

实际上，此时出现霜降，反映的是广大的黄河流域的气候特征。深秋之夜，天气虽冷却晴朗无云，气温有时会骤降到0℃以下，离地面较近的水汽就会凝结在各处，或形成细小的冰针，或形成六角形的霜花。因为霜只能在晴朗的时刻才能形成，所以有俗语说“浓霜猛太阳”。

早霜的出现，意味着冬天已经触手可及了。谚语还说，“霜降杀百草”。被霜袭击过的植物，是严重发蔫、缺乏生机的。具体证物，可以参照俗语中遭霜打的茄子。

有个问题大家一定要弄清楚。霜和霜冻看似形影不离，但事实上完全是两码事。出现霜冻时不见得出现霜，出现霜时不见得出现霜冻。这像绕口令一样的话，具体可以这么解释：霜冻指由于气温剧降而出现的农作物受灾现象，主角是农作物；而霜是指气温降到0℃时，地表附近一定浓度的水汽遇冷出现凝结的现象，主角是水汽。还有，真正的庄稼杀手是“冻”，而绝不是“霜”。

有人曾做过实验，同样低温的箱子里，一片叶子盖霜，一片叶子没盖霜。结果，无霜的叶子受害程度要深得多。因为盖霜的那一个要放出热量才能被冻上嘛，这些热量，恰好起到了给农作物保暖的作用噢。

当然，有霜了，霜冻离着也不远，还是要小心为妙。

此时北方的田间，秋收已近尾声，就算以耐寒闻名的大葱，也不能再长了。俗话说：霜降拔葱，不拔就空。谚语还说，“霜降前，薯刨完”，现在正是收藏红薯的最佳时间！而“霜降见霜，米谷满仓”，则充满着丰收的欢悦。

在南方，人们仍在为“三秋”忙得不亦乐乎，收晚稻、种冬麦、栽油菜，为明年打算还要拔秸秆。谚语说：满地秸秆拔个尽，来年少生虫和病。

云南地区还将霜降这段时期称为“土黄天”。如果天气少雨多晴，就称为“干土黄”；如果阴雨连绵影响生产，就称为“烂土黄”。

对于草原畜牧区来说，霜降时牧草开始枯竭，为防止心爱的羊儿们变瘦，牧民们就得尽早地为它们搭上暖棚啊。

霜降的三候是：一候豺乃祭兽，二候草木黄落，三候蜇虫咸俯。

豺狼开始大肆捕获猎物，祭兽，多少有点想当然。其实豺狼的想法很现实，藏起来准备过冬啦！晚秋日渐萧索，草木的叶子加速变黄、凋零。有冬眠习惯的小动物们，也开始躲进暖和的洞中不动不食，要美美地睡上一冬了！

●风俗

迎霜

在山东烟台等地，每到霜降时，人们有到西郊迎霜的习俗。作为秋季的最后一个节气，霜降受到的礼遇还是很隆重的。另外还有地方会祛凶、扫墓、祈福，希望生活顺利，过一个安安稳稳的严冬。

广东高明地区迎吉避凶的方式就很有意思。临近霜降，人们用瓦片搭建成河内塔，并在塔里面放入若干干柴，点燃后火光熊熊。当瓦片被烧得通红时，再一鼓作气地将河内塔推倒，再用烧红的瓦片热芋头，最后把瓦片丢弃得越远越好。

这在当地称为“打芋煲”，也叫做“送芋鬼”。

菊花会

有谚语称，“霜打菊花开”。

与寒露时的赏菊相比，此时菊花开得更盛，各地内容丰富的菊花会、菊展也都搞得如火如荼，到了高潮阶段。

而满山的红叶，也在尽显凋落前最后的招摇与烂漫。唐朝诗人杜牧的《山行》中将霜降时的红叶描绘得美轮美奂：

远上寒山石径斜，白云生处有人家。

停车坐爱枫林晚，霜叶红于二月花。

壮族霜降节

在广西壮族的一些地区，霜降节如同春节般隆重。

劳作了一年的壮族人，丰收的喜悦正写在脸上、刻在心里。他们用糯米做成富于节日特色的迎霜粽，热情地招待客人。他们还走亲串友唱山歌，积极地购买农具，为来年的耕种做好准备。

其中，下雷镇的节日气氛最为浓烈。据当地人讲，霜降节是为了纪念三百多年前的第十四世土司许文英的妻子岑玉音而设的。当时沿海匪患严重，倭寇横行，岑玉音巾帼不让须眉，骑着黄牛去参战。战斗中，她不仅勇气过人，更深通兵法谋略，多次打败敌人，并在霜降这一天大破敌军后凯旋。

人们为了表达对英雄的敬仰，在历年的霜降这天拜祭完后，还要舞狮、唱戏、对歌，尽情享受这特别的节日。

食俗

霜降的食谱，真是让人美不胜收啊！

在福建泉州地区，有人说，“霜降吃丁柿，不会流鼻涕”。还有人说，“吃柿子不裂唇”。总之，霜降时适量地吃柿子，不用问理由啦，就是好！

不过，理由当然还得说说，柿子润肺、利肠、和胃，营养多，堪称补虚的“金果子”。难得的是，同霜打的茄子相比，霜打的柿子在市场上的腰板可要直得多了。人家不仅味道绝佳，而且最关键的优点是：好吃还不贵！

山东地区也有这个节气的看家菜，家家户户正忙着做各种吃法的萝卜呢！

热菜、汤饮、粥品、主食，甚至还有药膳。真是吃得眼花缭乱啊。因为当地有句农谚说：“霜降到了拔萝卜，秋后萝卜赛人参”。尤其是白萝卜，受到特别的钟爱，它不仅长得白白胖胖像人参，而且生吃白萝卜可解腹胀，还有止咳清肺的功能。

这些素菜固然好，但霜降其实是个适合进补的时节，所以有些地区也很流行吃一些特点鲜明的荤菜。

福建对岸的宝岛台湾，此时正在大喝特喝一样东西——老鸭汤。“一年补通通，不如补霜降。”体质弱、大便干、食欲差，这些症状遇到香喷喷、富含各种维生素的秋季老鸭肉，都迎刃而解啦！所以，每年霜降，滋补佳品鸭子就会卖得十分火爆，排队是家常便饭。有时甚至排队都买不着，老板会乐得合不拢嘴地告诉你，脱销啦！

广西玉林地区，吃得也很馋人哪！牛肉，是他们霜降时必不可少的美味。早餐牛河炒粉，午餐牛肉炒萝卜，晚餐牛肉汤。哇！这么吃真的一点也不过分哟！如果再搭上羊肉与兔肉，也很不赖啊。

强身健体，驱寒暖胃，的确不错。

养生

既要润肺，又需补身，是霜降时养生的秘诀。

热气腾腾的火锅、涮羊肉，更多地出现在北方人的面前，吃下一口暖全身啊！只是，要想时时暖和，还要做好自身保护，脖子、肩膀、腹部、膝盖、最后再加上个脚丫子，这些部位一定不能受冻啊！

对于有手脚易凉症状的人，更要设法保持身体的热度。运动，不失为一个好办法。游泳、骑车，甚至简单地爬楼梯、睡前泡泡脚，都可以加速血液循环，保持热力噢！

传说

说起霜降，有一个有趣的传说。

老人们说，霜降，俗话就是“双犟”。都说清官难断家务事，连龙王也不能幸免，他的家里就存在着家庭矛盾，龙婆婆和龙儿媳就经常意见不合。

这不，到了霜降时分，仓里满是沉甸甸的粮食。龙王的儿媳动了心思，她觉得忙了很久，应该好好晒晒太阳、休息几天。可当她将自己的想法告诉婆婆后，龙婆婆却是满脸不悦。要干的活儿多着呢，别老想着偷懒。

三说两说的，婆媳俩互不相让，吵起来了，争了个面红耳赤。老龙王和龙太子劝谁也不住，你瞅我，我瞅你，暗中叹息，遇到双犟了！

可日子终究要过，光这么僵着也不是个事儿啊。总得有人妥协才行。于是，时而婆婆让步，时而儿媳让步，并出现了一个有趣的现象。如果是真心讲和，那么霜降期间天气就会晴朗无比，民间称为“干土黄”。如果是违心的，回去偷偷抹眼泪儿，那么霜降期间就会阴雨交加，民间称为“烂土黄”。

看来，有天为证，这婆媳关系的重要性，真是不言而喻啊！

霜降吃柿子的来历，同样有一个流传甚广的传说。

明朝的开国天子朱元璋，小时候是个苦命的孩子，做过和尚，放过牛。后来他家里穷得吃了上顿没下顿，为了生存，他只得拿起一只破碗和一根用来打狗的破木棍，流落街头四处乞讨去了。

这一年，正赶上霜降。朱元璋已经两天没吃上饭了，他饿得腿肚子发软、两眼冒金星。再加上衣不蔽体，又冷又饿，他觉得

朱元璋

明，佚名绘，台北故宫博物院藏。朱元璋，初名“重八”，后更名“兴宗”，字“国瑞”，濠州钟离（今安徽凤阳）人，明朝开国皇帝。幼时家贫，无钱读书，为地主放牛。元至正四年（1344）淮北大旱，父、母、兄先后去世，朱元璋不得已而入皇觉寺当行童。入寺不到两个月，因荒年寺租难收，寺主封仓遣散众僧，朱元璋只得离乡为游方僧。二十五岁时，朱元璋参加了郭子兴领导的红巾军起义。至正二十八年（1368），朱元璋在南京称帝，国号“大明”，年号“洪武”。

自己快要死了。

当他心灰意冷，跌跌撞撞地来到一个小村庄时，突然眼前一亮！他发现村边烂瓦堆里长着一棵柿子树，正值成熟期的柿子红彤彤的，挂满了枝头。朱元璋高兴得差点落下泪来，这可真是老天爷饿不死瞎家雀，天无绝人之路啊！

他用仅存一丝气力，爬到树上，狼吞虎咽地饱食了一顿柿子，觉得自己好像从来没吃过这么好吃的东西。捡回一条命的朱元璋，还因祸得福了。因为吃了柿子，他整个冬天都没有裂嘴唇，没有流鼻涕。

后来，朱元璋发达了。一番努力后，他成了大明朝的皇帝。

又是一年的霜降节，朱元璋领兵经过此地。他想起自己多年前的经历，不禁感慨万千。他停下来，仔细搜寻那棵曾经救过自己命的柿子树。苍天不负有心人，柿子树仍然平平安安地守在原地，枝头上依然一片红彤彤的柿子。

朱元璋下得马来，在树前久久凝视。半晌，他轻轻脱下自己身披的战袍，郑重地挂在柿子树上。然后转身告诉大家，从此这棵树的名字，叫作“凌霜侯”。随即，飞身上马，离去。

后来，这个故事流传开来，霜降吃柿子，也成为霜降时民间的保留节目。

结语

唐朝诗人刘长卿有这样的诗句：霜降鸿声切，秋深客思迷。

同切切鸣叫的鸿雁一样，秋天，渐行渐远。冬天，已近在咫尺，万般秋思终究要有个了结。

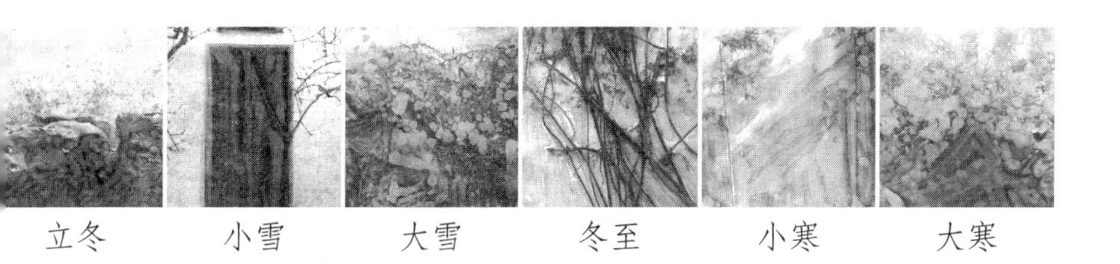

立冬　小雪　大雪　冬至　小寒　大寒

立冬

时间：公历11月7日或8日。

寓意：立，始建也；冬，终也，万物收藏。

●来历

立冬之日，太阳位于黄经225°，是干支历戌月的结束以及亥月的起始。

寓意中“立”和“冬”的意思已然很明白，加在一起就是冬天开始。什么动物啦、植物啦、收晒完毕的农作物啦，都得规避寒冷，藏起来才行。

立冬时，寒风乍起，我国大部地区的降水量都已显著减少。在南方的长江中下游一带依然时常享受着得天独厚的小阳春时，北方的冷空气已经成了气候。它不仅使北方开始结冰，还努力地南侵，偶尔会形成伴有大风、雨雪的寒潮天气。

立冬的三候就明显地表达出了属于北方的黄河流域的气候特点：一候水始冰，二候地始冻，三候雉入大水为蜃。

一候那五天，地面上的水开始结冰。二候那五天，已经发展到土地都出现冻结现象了。到了三候那五天，野鸡一类早就不知躲到哪儿去了的大鸟，却好像突然在海水里冒出来了，看上去是大蛤，可那个线条、那个颜色，咋瞅咋像野鸡。

解释一下，一候、二候靠谱，三候嘛，完全被障眼法搞错了。大蛤就是大蛤，即使再相似，也绝不是在立冬时节由雉所变。眼神儿可以偶尔出错，农事可就得眼明手快，到啥时候干啥，决不能耽误或出错。

此时北方冰封，要保护好农林作物以迎接寒冬。江淮地区的“三秋”即将结束，而后迎来了“立冬种麦正当时”的忙碌期。实际上，不管是哪里，都要充分注意水分条件的好坏，以便农作物以最好的条件来生长或越冬。

立冬当天的天气，很神奇，可以用来占卜一冬的天气情况。谚语云：立冬晴，一冬凌（寒冷）；立冬阴（阴雨），一冬温（暖冬）。

看来，有了立冬这个参照物，我们已经提前知道冬天该怎么穿衣服喽。

● 风俗

迎冬

在古代，立冬与立春、立夏、立秋合称“四立”，是重要的节日之一。

这一天，皇帝会带着手下的文武大臣、皇亲国戚们，浩浩荡荡地到京城的北郊设坛祭祀，迎接冬气。皇帝可不能光是摆排场，前三天就得沐浴斋戒，祭祀时要亲力亲为，表彰烈士、抚恤孤寡，还要抽空向大臣们赠送过冬的衣服。

可大臣们不缺棉袄啊？那也不行，必须得拿着！

官方的认真，直接带动了民间的情绪。立冬这天，古时民间亦有祭祖、饮宴、卜岁等习俗，有的地方一边杀鸡宰羊地进补以

“补冬”，一边请人演出大戏。既庆祝今年的收成，又祈盼来年丰收。

各地的卜岁也不尽相同。霞浦地区称之为“问苗”，畲族则将到神庙卜岁弄得神秘有趣，称为“探宝”。

拜冬

“迎冬”之后是“拜冬”，拜冬又称“贺冬”。汉代时已有此民俗。

到了宋代，人们在此时像过年一样，穿着新衣服，互相串门子。清朝时，士大夫一类的知识分子家庭，常在此时拜贺尊长。到了民国时期，拜冬活动趋于简化，但保留下来的习惯则受重视程度更深，如办冬学、拜师等礼仪活动，往往选择在此时正式举行。

烧荤香

天入立冬，对于生活在北方，尤其是辽宁本溪一带的满族人来说，秋粮已入库，该好好地烧灶香了。

无论是满族八旗，还是汉军八旗，在立冬节到来时，都开始活跃起来，举行烧香祭祖的活动。满八旗叫“烧荤香”，汉八旗叫“烧旗香跳虎神”。

烧荤香可谓大操大办。头三天，全家人就要吃斋，不动荤腥，一连十天皆是如此。烧荤香的活动要五至七天，按照满族人信奉的萨满教礼仪来举行庄严肃穆的仪式。头三天称为“嗑面子”，妇女们一定要素颜，只用热水洗脸。

对于有条件的人家，烧荤香时要杀三头猪。一头祭天，一头祭祖，还有一头要祭歪梨妈妈。家庭条件差的烧荤香时，三头猪可能要攒个三五年，所以就用鸡来代替猪。这倒是可以一年一次，称作“烧素香”。

烧旗香跳虎神，被满族人认为是“唱家戏”，是非常热闹、富有观赏性的表演。仪式上不仅唱、念、坐、打俱全，且装扮虎神的单鼓艺人大多身手敏捷，上下翻滚跳跃，不遗余力。十里八村的人们，都被吸引过来看热闹。跳虎神不仅活灵活现，而且杂技功夫一流，观众们可近距离欣赏到顶水碗、摆腰铃、耍花棍等许多艺人的绝活儿。

衣节

每年阴历的十月初一，往往和立冬日很接近。而十月初一是个特别的日子，又称“十月朔”“祭祖节”“寒衣节”，与清明节、中元节并称为民间三大鬼节。

相传，“寒衣节”源于周代，脱胎于秦朝礼仪。但在宋代之前的史籍中一直未出现“寒衣”之称，所以也有人认为寒衣节习俗的形成，不会早于宋代。

寒衣节最鲜明的特点，是在祭祀先人时，怕祖先在冥间受冻，而烧掉事先准备的冥衣，名曰“送寒衣”。同时，因此时意味着冬天降临，所以这一天也是为身边健康的人送衣御寒的好时机。祭祀祖先很重要，好好对待眼前人，同样重要。

明朝皇帝朱元璋就曾在十月初一早朝时行“授衣礼”，并用收获的糯米、赤豆做成热羹让大臣们尝鲜。南京地区就流传着这

炎帝神农氏

选自《古今君臣图鉴》，明，潘峦编绘，明万历十二年益藩阴刻本。炎帝，名石年，又称赤帝、烈山氏。传说，神农氏的样貌很奇特，身体除四肢和脑袋外都是透明的，内脏清晰可见。神农氏尝尽百草，若药草有毒，他服下后内脏就会呈黑色，以此来判断药草对于人体哪一个部位有影响。关于炎帝和神农的关系，有一种说法认为，第一世炎帝叫神农，他的时代比黄帝的时代大约早几百年。而和黄帝同一个时代的炎帝是第八世炎帝，叫榆罔。后人尊称其为“药王”“五谷王”“五谷先帝”“神农大帝”等。

样的民谣：十月朝，穿棉袄；吃豆羹，御寒冷。

去除掉封建迷信色彩后，我们可以看到，寒衣节，其实是活着的人寄托哀思、表达想念已逝亲人的一种方式。

冬天来了，天堂里的亲人，你们冷不冷？

丰收节

在汉族以及大部分少数民族的习俗里，丰收节都被定在每年的十月初十。

这是个喜庆的日子、欢欣的日子，也是“双十”——十全十美的日子，是擦一擦汗水后，准备继续奋力前行的日子。

这个节日是为了庆祝一年的丰收，并祭拜传统的丰收神：炎帝神农氏。

丰收节这天，父母期盼着外地的孩子回家，期待着出嫁的女儿回娘家。哪怕是过路的陌生人，也可以即兴参加农家丰盛的宴席。那早就准备好的油糍和白糍，正表达着主人的热情与好客。

白天，大家边吃，边对来年充满憧憬；夜晚，此起彼伏的山歌对唱，撩人心怀、通宵达旦。无论唱的是什么，你都会感受到一种热烈的情怀：丰收啦！

食俗

俗话说得好，“立冬日补冬，补嘴空”。

立冬吃饺子的说法，北方人一定很熟悉。都说好吃不过饺子，这一年四季，提倡吃饺子的时节还真不少。谁过年还不吃顿饺子？大年三十迎新春吃饺子，是因为“新旧之交在子时”。那么立冬吃饺子，原因也类似，秋冬之交嘛，必须吃！

据说，天津一带此时最有名的饺子，是倭瓜馅的。

北方这么吃，南方也不甘示弱。只不过，他们不吃饺子，他们另外有爱吃的。闽南台湾地区的“羊肉驴”“姜母鸭”，都是火爆的食品，有的家庭还时不时地炖上麻油鸡、四物鸡。这四物嘛，是指当归、川芎、芍药、生地四味药材。

想一想都流口水，不仅香得很，还补得很呐！

养生

立冬后，天地一片凋零，万物活动趋于静止。

对于用不着冬眠的我们来说，鸡鸭鱼肉、人参鹿茸，都可以适量进食。可以甩开腮帮子，为了“补冬”，好好地慰劳一下自己的肚子啦。这是因为，冬天来临，阴气正盛，属于闭藏的季节，此时养生要注重一个“藏”字，即收藏与保暖。中医中，肾主封藏，所以冬季是养肾的好时机。

通过进食一些高热量的食物，科学进补、调和阴阳、提高抵抗力，俗话说就是养精蓄锐。

不仅要吃，还要喝。当然，相比于丰富多彩的食材，喝就简单多了，要多喝白开水。冬季气候干燥，多喝水可以利尿排毒。

当然，能养成喝茶的习惯，是最好不过了。此时适宜的茶，当然是红茶为上品。红茶性甘，既可养护体内阳气，又可暖腹生热、助消化去油腻。这个应该，吃了那么多大鱼大肉的，是该去去油腻啦！

此时的起居，也该适当调节了。爱睡懒觉睡到自然醒的朋友们，终于等到了福音！早睡晚起，保证充足的睡眠，就是此时节的正道。理由嘛，还是那句话：养精蓄锐啊！

不爱睡懒觉的朋友们，不用急，滑冰、跳舞、打球，可以过得很充实啊。当然，最给力的还属冬泳，看得人有心想热血沸腾，却情不自禁地直打冷战啊！

传说

秦朝年间，秦始皇不断地实施暴政，搞得民不聊生。

在江南松江府，有姓孟与姓姜的两户人家联姻，后来因种葫芦得女，取名孟姜女。孟姜女长大后，嫁给了范杞良为妻。她贤

孟姜女千里送寒衣

民国大鼓书说唱词。“孟姜女送寒衣”是中国古代民间四大传说之一。

良勤勉，小两口恩恩爱爱，过着美满的生活。

可是福祸难测，孟姜女新婚宴尔没多久，灾难就降临了。秦始皇修长城的旨令下达到了这里，范杞良被强行征走服役，去千里迢迢之外的地方修长城。大家心里都明白，以当时的人力物力条件，修长城简直是九死一生之事。

秦王朝的天空乌云密布，面对横祸，几乎没有几个家庭可以幸免。

孟姜女与范杞良洒泪分别后，一直挂念着丈夫的安危。日久年深，却一点儿丈夫的消息也没有。眼看着冬天来临，天越来越冷，孟姜女想起丈夫临走时衣着单薄，她决定去给丈夫送寒衣！

她一介女子，历尽艰辛，终于赶到了北疆之地。她看到了长城！可是，她朝思暮想的丈夫在哪儿？她费尽周折，也没有找到范杞良。后来，她听到了一个噩耗。同许许多多的可怜人一样，范杞良已经在服役过程中屈死，直接被埋在了长城的城墙之下。

这晴天霹雳让孟姜女仅存的希望破灭了，简直难以让人接受。十月初一这天，她踉跄着找到了丈夫的葬身之地，悲愤交加的她再也按捺不住，放声大哭起来。她哭得悲情切切，哭得感天动地，连苍天都为之动容。猛地一声！孟姜女发现，长城在她的痛哭声中倒塌了，足有八百里！

在触目惊心的累累白骨中，范杞良的尸骨也露了出来！孟姜女在丈夫的尸骨旁，亲手烧掉了为他带来的棉衣。她多希望九泉之下的丈夫能穿上它，来抵抗凛冽的寒冷。

后来，孟姜女不畏秦始皇的淫威，坚贞大义，跳海殉夫。

这个忠烈女子的高尚品格，感动了世人。为了纪念她，人们将十月初一这天定为“寒衣节”，作为凭吊故人的重要时刻。

结语

作为特殊时刻、秋冬之交的立冬，让许多诗人都为之吟诵。的确，冬天来了，是有些话该要诉说。诗仙李白题写过一首《立冬》：

> 冻笔新诗懒写，寒炉美酒时温。
>
> 醉看墨花月白，恍疑雪满前村。

李白人豪放，诗写得也美，连冬天在他笔下，都如此的让人心动。只是，诗中的大诗人还有些恍然，前面是否有雪？

不用怀疑，前面真的有雪，小雪。

小雪

时间：公历11月22或23日。

寓意：十月中，雨下而为寒气所薄，故凝而为雪。“小”者“未盛”之辞。

●来历

因天气日渐寒冷，冷空气使北方大部地区的最低温度降到0℃以下，降水的形式由雨变成雪了。我国华北及黄河中下游地区，将出现入冬后的第一场降雪。不过多属小股降雪，且多属半冻半融的湿雪，晚上刚刚冻上，白天阳光一照，差不多就化了。

小雪，顾名思义，大地尚未彻底寒冷，多数情况下的是小雪。古籍《群芳谱》中是这么说的：小雪气寒而将雪矣，地寒未甚而雪未大也。小雪同雨水、谷雨一样，都是直接反映降水量的节气，也是寒潮与强冷空气活动比较频繁的时期。

小雪节气时，太阳位置运行到黄经240° 。

这时的夜晚，天文爱好者们会感到兴奋，因为他们会观察到北斗七星的斗柄正指向北偏西的位置。再形象一点呢，就是表盘上十点钟的造型。

需要提醒一下，不要因为称作“小雪”，就小看了这雪的威力。因为谚语说得好，“小雪地封严”。从小雪开始，西北风就成为不请自来的常客了，北方大地的土壤差不多每过一夜就会多冻一厘米。掐指一算，到节气末时，冻深了足有一米多！大小江河更不能幸免，都陆续被冰封。

小雪的三候是：一候虹藏不见，二候天气上升地气下降，三候闭塞而成冬。

北方的雨都变成雪了，上哪儿去看彩虹啊！另外，由于天空中阳气上升，地下阴气下降，导致天地阻隔，阴阳失调，致使万物因封闭而一片萧条，进入严寒的冬天。

天地间虽如此，但小雪却来得恰到好处。

农谚道，“小雪雪满天，来年必丰年”。要知道，下雪可是好处多多呢！其一，下雪可起到杀菌除害、净化空气的效果。其二，对于猫冬状态的北方土壤来说，披上一场雪可以使土地保湿、肥沃，就像棉被一样保暖哟！其三，小雪节气时正常落点小雪花，来年一定风调雨顺，无大旱也无大涝。

但万一冷空气太强了，雪下大了，也不完全是好事。谚语说了，“小雪节到下大雪，大雪节到没了雪。”看看，雪都在小雪下了，下一个节气大雪下什么，咋办？这说明一个问题：到什么时候干什么，不能抢戏啊。

农家人更不能光指着下雪来给自己的农作物过冬省劲。

此时，北方的果农们正在忙碌，他们要为果树修枝，包扎株杆以防果树受冻。有鱼塘的，要作好鱼种池越冬的准备。再说了，利用农闲期，也可以多搞搞农副业生产嘛。冬日蔬菜的收藏，也是一门学问啊。土方法贮存蔬菜，或用地窖，或用土埋。俗话说“小雪铲白菜，大雪铲菠菜”，“小雪不起菜（白菜），就要受冻害”。收获的前十天，大白菜就不能再浇水了，要不然，贮藏时容易上冻啊！

在长江以南地区仍有庄稼，“小雪点青稻”就是说晚稻到了收获期，而冬小麦、油菜要因地取材地积肥、造肥啦。

• 风俗

食俗

小雪时节，天气单调，各地人们吃东西的习俗可是丰富多彩，并不单调。

所谓“小雪腌菜，大雪腌肉”。各种各样的腌菜，辣白菜、腌黄瓜、腌酸菜、泡菜……再来盘锦上添花的腌菜炖牛肉，哇！真是色、香、味俱全啊！

有些地区，已经迫不及待地开始腌肉了。民间“冬腊风腌，蓄以御冬”的习俗，完整地保留了下来。急剧降温后愈加干燥的天气，正是加工腊肉的好时候。一些农家人全家齐上阵，兴高采烈地动手腌制香肠、腊肉，其味道别具一格，放到春节时，正好可以拿出来美美地饱餐。

腌腊肉，在我国有着悠久的历史。一般来说，在大晴天而且有北风的情况下，晒出的腊味是最棒的。古时，猪被屠宰后或吃或卖，常会有剩余。腌腊肉应该是在一个连着下雪天、无法出门的日子里，有人偶然用食盐铺撒在肉面上，为方便保存，再将腌制过的猪肉用绳吊挂起来，然后该干嘛干嘛去了。几天后才想起这档子事，赶紧将猪肉取下，煮后一尝，哇！有种不同以往的味道在里面，咸香可口！然后呢，就是一传十十传百，广泛流传呗。

在南方的广大地区，则有农历十月吃糍粑的风俗。

所谓糍粑，是用糯米蒸熟捣烂后所制成的一种食品，在南方非常流行。糍粑最早是作为传统的节日祭品出现的，祭祀的这位神仙也很有意思，是牛神。后来，糍粑的美味让它越来越受欢迎，有的南方地区干脆就将它称为“年糕”了。

年糕现在可是不分南北，过年时大家都爱吃。但年糕与糍粑的关系其实有点微妙，因为年糕的加工要比糍粑复杂得多。或许可以这样说，糍粑是年糕的一种，但年糕不仅仅是糍粑。

小雪前后，湘西的土家族同胞们，开始享受刨汤的美味啦。这是他们一年一度的“杀年猪，迎新年”活动中很有特色的一项。在热烈的气氛中，杀完年猪后，那些上等新鲜猪肉，正好可以用来烹饪“刨汤”。

此时台湾南部沿海的渔民，正忙着晒鱼干、做干粮。台湾嘉义县布袋地区有这样的谚语，“十月豆，肥到不见头”。意思是说每到小雪前后，成群的豆仔鱼汇聚到此，场面壮观。此外，大量的乌鱼、旗鱼、鲨鱼，也都争先恐后地赶到海峡附近，让渔民们乐不可支哟！

下元节

每年的阴历十月十五，也是一个民间的传统节日呢。它就是古老的“下元节”，也叫“下元日”“下元水官节”，现在的人们，或许已不太知晓。

下元节来源于我国传统的道教。道教中有天官、地官和水官三官，分别对应尧、舜、禹三位人间帝王。这三官来头可不小，是道教中身份极高的重要人物。其中，天官赐福，地官赦罪，水

帝尧

选自《古今君臣图鉴》，明，潘峦编绘，明万历十二年益藩阴刻本。帝尧，名放勋，帝喾次子，初封于陶，又封于唐，故号陶唐氏。其号曰尧，称唐尧，为上古时期的圣贤君王。唐尧的部族，在今河北省唐县至望都一带的滹沱河流域活动。后因常受水患侵害，唐尧便带领部族向高处迁徙，最后到了汾河中游的河谷地带，即今太原盆地。

官呢，负责解厄。

由于这三官的诞生日分别为正月十五、七月十五和十月十五，这三天分别被称为“上元节”“中元节”和“下元节”。传说，下元节这一天，水官大禹王要下凡巡视，观善恶、察冷暖，然后回奏天庭，为人间排忧解难。

古时每逢此日，官府要发禁屠令，不仅是动物，就连死刑犯都需要延期执行呢。民间要吃豆泥骨朵，也就是我们说的豆沙包。最隆重的是道观，要做严肃的道场。

下元节这天，民间的工匠们，还有另外的事要做。他们要祭祀炉神，也就是传说中的太上老君。至于为什么是这位老人家呢？私下揣摩一下，或许是和用炉子炼丹有关，也或许是和用炉子炼孙悟空有关吧。

养生

小雪以御寒为主，温补益肾、平衡阴阳的食品，就成了此时进补的佳品。药王孙思邈所著的《修养法》中曾说：宜减辛苦，以养肾气。宜吃的益肾果品有，腰果、芡实、山药、栗子、白果、核桃，等等。

天冷了，人们当爱吃热乎乎的东西。牛肉、羊肉、狗肉以及各种汤粥，都非常受宠。高热量的补品，适当进食绝对有好处，但不要因贪吃而导致胃、肺火盛，出现便秘、痔疮等症。要牢记“虚则补”的原则，再吃些相对性冷的食物来协调，像清火顺气的萝卜，就非常不错啊。

特别推荐一下，小雪前后多吃黑豆，或者在食品中多加些黑豆，既可满足脂肪要求，还可以降低胆固醇。如果端上一盘超赞的黑豆羊肉炖当归，那可真是养颜补血又暖心啊！

冬日外出，一定要保护好头部，不要被风吹。因为中医认为头是诸阳之会，冬天最不能受风寒，帽子或围巾都该用上了。

家里暖气如果热得烫手，当然是好事。但空气愈加干燥，却需要当心喽。屋热外冷，时间长了，人容易上火啊！口腔溃疡还好说，脸上多长出的小红疙瘩，可是掩饰不了的证据哟。少吃点麻辣食品吧！

冬季适宜活动少，但只要细心，仍会有锻炼效果。下雪时车难开，可以骑车、慢跑，甚至步行啊。没事的时候，哪怕多晒晒太阳、多按摩几下穴位，也是可以的嘛！

传说

南方地区冬天吃糍粑，可是有来历的，这个故事是从苏州一带传开的。

相传在春秋末年，伍子胥为报家仇，从楚国投奔吴国。后来，吴国兴兵伐楚。伍子胥掘楚王墓鞭尸，既报了家恨，又使吴国日渐强盛起来。成绩面前，吴王阖闾不禁有些飘飘然。他让伍子胥建“阖闾大城”，向天下人传播自己的丰功伟绩。

城建好了，阖闾喜不自胜，大摆筵席，连日庆祝。群臣对阖闾也是歌功颂德，唯有已身为国相的伍子胥显得忧心忡忡。

在一派歌舞升平中，他悄悄地对亲信之人说：“大王乐而忘忧，恐怕会招来灾祸。阖闾大城的高墙看似可保太平，但如果敌人围而不攻，吴国粮草不济，岂不自掘坟墓？日后若真有此难，可速去相门（吴国都城苏州的八座城门之一）城墙下掘地三尺取粮”。

随从半信半疑地答应了。

阖闾死后，夫差继位，他听信谗言，逼死了忠臣伍子胥。一直卧薪尝胆的越王勾践，见吴国失去栋梁，大兵压境，不久后就包围了苏州城。

正值冬季，天寒地冻，城内断粮，哀号遍地。国难当头，有人想起了当初伍子胥的话，抱着试一试的心态，带着人暗中到相门下去挖粮。这一挖不要紧，人们惊喜地发现，原来垒墙的城基砖石，全是用糯米制成的！

原来，居安思危的伍子胥，早在建城时就悄悄制成大量的糯

伍子胥

选自《历代画像传》，清，丁善长绘，木版刻印本。伍子胥，名员（yún），字子胥，以字行，春秋时期楚国人。伍子胥在楚国遭奸人迫害，故而投奔吴国，受到吴王阖闾的重用。阖闾在死前封其为相国，托他辅佐夫差。夫差继位后，打败了越国，生擒越王勾践。伍子胥主张“联齐抗越”，一举消灭越国，夫差却听信伯嚭的谗言，放勾践回国。公元前484年，夫差赐剑令伍子胥自尽。伍子胥让家人在他死后挖出他的眼睛，挂在东城门上，他要亲眼看着越国灭掉吴国。夫差听后大怒，把伍子胥的尸首扔到了钱塘江中。后来，吴国果然被越国所灭，夫差无颜到阴间见伍子胥，用白布蒙住双眼后自尽。

米砖，以备急时使用。人们将这些糯米砖蒸好分下去，暂时填饱了肚子。感叹之余，都深深地怀念贤相伍子胥。

后来当地每年农历十月，就开始把糯米做成形状类似墙砖的糍粑食用，以此来纪念大恩人伍子胥。当地的糍粑煮后不腻、干后不裂、藏之不坏，久而久之，就成了冬季的食俗。

结语

北风那个吹，雪花那个飘。小雪，就这样与雪花一起，轻轻盈盈地降临到我们身边。宋朝诗人黄庭坚曾写下与小雪有关的诗句：

> 小雪晴沙不作泥，疏帘红日弄朝晖。
> 年华已伴梅梢晚，春色先从草际归。

诗人的最后一句，明显是在期待春天。当然，小雪时节，离春天还远着呢。不过这不禁又让人想起一句现代的诗句：冬天来了，春天还会远吗？

大雪

时间：公历12月7日或8日。

寓意：“大”者，“盛”也，至此而雪盛也。

● 来历

很简单，到这个节气时，降雪的可能性更大，所以就叫大雪喽！不过，不要以为大雪时的降水量一定比小雪时大。大雪指的是在冷暖空气交手地带，或冷空气最强的前沿地区，此时很易下雪。而一旦下起来，雪量会比小雪时更大，范围更广，甚至会来一场非常过瘾的暴雪。

大雪时，太阳来到黄经255°，是干支历亥月的结束以及子月的起始。此时白昼愈发短暂，有俗话说，“大雪小雪，煮饭不息”。白天甚至短到了家庭主妇们快要连做三顿饭的地步，这真的不夸张哟！

大雪，同样能起到天气预报的作用。谚语有“大雪不冻倒春寒”“大雪晴天，立春雪多”“大雪不寒明年旱”“大雪下雪，来年雨不缺”……

大雪的三候是：一候鹃鸥不鸣，二候虎交，三候荔挺出。

挺有趣的，课本里嚷嚷“明天就垒窝”、却总也不垒窝的寒号鸟们，因为天气太冷，连不怕冷的它们都冻得发不出声音啦！

寒号鸟消停了，老虎们却开始谈恋爱了。神秘的大自然，在阴气最盛之时，也就是万物开始衰落之时。老虎们感受到了阳气的萌动，作为山中之王的它们，开始出现求偶行动。

虎

英国，爱德华绘。虎，是国家一级保护动物，也是十二生肖之一。中国有历史悠久的虎文化，它是中国的图腾之一，人们常用虎来比喻战士勇猛，如虎将、虎臣、虎士等。古代调兵遣将的兵符上，常用黄金刻上一只老虎，称为“虎符”。

动物中老虎敏感，植物中也有哇。作为兰草中一种的荔挺，也不甘示弱地代表植物界展示生机，抽出新芽啦！

大雪节气时，我国大部地区的最低气温都降到了零度以下，“大雪冬至后，篮装水不漏”，冬日开始披上圣洁的白色。黄河一带渐渐积雪，正应了大家耳熟能详的毛主席《沁园春·雪》中那句“大河上下，顿失滔滔”。而更北之地，已是一派“北国风光，千里冰封，万里雪飘”，“山舞银蛇，原驰蜡象”的迷人景致喽。

我国最南方与最北方的气候差异，开始极度地反映出来。在江南也跨入隆冬之时，云南与华南的广东珠三角一带，依然绿草如茵，很难看到雪的光临。对这里的人来说，下雪是多么奢侈的享受啊！

生活在下大雪地方的人们，可要好好珍惜喽！因为，不仅是银装素裹、分外妖娆的雪景使江山如此多娇，还有一句俗话说：瑞雪兆丰年！厚厚的积雪，既可肥田，又可保暖，是冬作物越冬的好伙伴。农谚说得好，“今年麦盖三层被，来年枕着馒头睡”。如果雪量不够，天气略微转暖时，还得时不时地浇上点冻水，来给冬小麦“盖被子”呢！

只是，万一这雪下得太大了，也得小心啊。牧区要当心风雪肆虐、对面不见人、白茫茫一片的“白灾”。

而北方的大白菜与薯类们，贮藏它们的地窖，没有风吹雪冻，就是个温暖舒适的窝。不过，不要以为这样就万事大吉了，这窝如果一点气儿也不透，导致温度过高、湿度过大，那这个窝就会变成烂窝——烂窖。适时通风，既不冻着，又不能热着，也需要农家人操心啊。

• 风俗

腌咸货

大雪腌肉，老南京执行得最彻底。大雪这天一到，南京的家家户户都在忙着“腌咸货”呢。

先把鱼、肉以及要享用的家禽等，洗剥干净，放在一边。接着，在锅内倒入八角、白糖、桂皮、花椒、食盐。炒啊炒，炒啊炒……炒熟凉透后，在鱼肉之上反复涂抹花椒盐，直到肉色由鲜变暗，有液体渗出时，再把剩余的盐与肉一块儿放到缸里。最后一招：把大石头压在上面。

在阴凉处放置差不多半个月，然后将腌出的卤汁重新倒入锅内烧开，浮沫撇走后，放入已晾干的禽肉，一层又一层地在缸里码好，倒上盐卤，最后一招：搬起大石头，压上！等上十天，再次把肉取出来。这回，得找个冲阳的地方了，屋檐下当然行喽，风干后就大功告成啦！

滑冰

俗话说，“大雪河封住，冬至不行船”。

到了大雪时，河水已冻冰，各地的冰场顿时成了冬季里最热闹、最好玩的去处。不论是大人还是孩子，有滑冰刀的，有滑冰车的，有打冰猴的，个个在寒风中玩得满脸通红，却不愿离去。

在东北地区，一年一度的冰灯，即将闪亮登场。冰雪大世界

滑冰

选自《清国京城市景风俗图》。

里，工匠们费心雕刻的冰雕、雪雕，形象逼真、惟妙惟肖，将夜晚变成奇幻的童话世界，让游人流连忘返。

滑雪场在各地也越开越多，滑雪，作为一项新兴的体育项目，开始逐渐流行起来。两根雪橇在脚下，眼前无尽的雪地风光在召唤，一鼓作气冲下山坡，的确是技巧与勇气的体现。感觉果然爽！

不过，初学者还是要小心点好，防止不必要的摔伤。

养生

谚语说了，“冬天进补，开春打虎”。谚语又说了，“三九补一冬，来年无病痛”。虽然现在还没到数九呢，但足以看出冬天进补的重要性啊。

冬天最易出现的现象是畏寒，适当进补，可以增加人体免疫力，有效地抵御寒冷。同时还能改善体内物质代谢，升发阳气，使能量有效储存在体内。此时食补，应多吃些富含蛋白质、维生素，以及易于消化之物。

进补的诀窍是：温补助阳，补肾壮骨，养阴益精。

进补之前，还需要做些铺垫，以调节肠胃功能来适应。炖牛肉红枣、花生仁加红糖，生姜大枣牛肉汤，都是很好的引子哟。

进补时，肉类丰富、又好吃又暖心的火锅当然是上上之选。姜枣汤则是御寒的好东西。大雪时，呼吸道疾病容易集中爆发，祛痰止咳嘛，可以吃一些恰好上市的鲜橘啊。

喜欢在户内猫冬的朋友们，菜窖里贮藏蔬菜的教训同样适用于人类啊！门窗关紧不通风，空气不流通，更容易感冒。

冬天起居，在保持足够睡眠的同时，还要知道冬季可是很容易睡“落枕”的哟。盖好被子的同时，还要保持一个好的睡眠姿势呢。

传说

小雪大雪都是雪，那么，为什么会下雪呢？

有人说，很久很久以前，伴随着寒风凛冽，天上飘的并不是银装的雪，而是同样洁白的面。原来，这是玉帝所为。他看见民间充满了疾苦，人们辛苦了一大年，也不见得能有好收成，吃不饱、穿不暖，面黄肌瘦的样子。

玉帝很伤心，他对百姓食不果腹的生活充满了同情。他下令，让天神在万物俱寂、青黄不接的冬季撒下白面，以接济众生。只要人们不是懒到家了，将落在地上的面收集起来，就足可以吃上一年。

玉帝心想，这下好了！老百姓们应该衣食不愁，过上幸福的生活啦！然后就高高兴兴地忙别的事去了。

过了一段时间，玉帝又想起这事了。他就派了一位神仙，下界去体察民情。这位神仙随随便便地一落，就落到了一户人家的院子里。他定睛一看，这户人家正在吃饭，桌子上有一摞白面饼。

神仙赶上饭点啦！他心想正好，看看他们面吃得怎么样。他再一瞧，只见女主人一只手抱着孩子，一只手拿着筷子。巧了，孩子尿了，需要换尿布。让神仙目瞪口呆的一幕出现了：女主人竟然随手就从那摞白面饼里抽出一张，当成尿布，垫在了孩子屁股底下！

神仙不敢怠慢，急忙回到天庭，一五一十地将所见所闻报告给了玉帝。

玉帝勃然大怒，这简直太败家了！好心好意地下白面，让老百姓们冬天能够有好日子过，谁知有人却不知道珍惜！于是玉帝传令雪神滕六，别再下面了，改成下雪吧！以示对这种糟蹋粮食行为的惩戒。打那以后，满天飞舞着六角形雪花的冬天，就来到了人间。

关于大雪腌肉，还有一个传说。

相传，古时候有一种怪兽叫“年”。这家伙凶猛得很，头长利角，面目可憎，比大象还大，比老虎还凶。年长时间潜伏在海底，一到农历十二月三十除夕时，就跑到岸上来吃人。

对这种凶恶的兽类，人们在过年时想尽各种办法来抵抗。据说这家伙怕红，怕巨大的炸响声，还怕火光。于是人们在过年这天，家家都贴对联、放爆竹、点灯守岁，以此来驱赶怪物年。

为了以防万一，做好打持久战的准备，人们还需储备好足够的食物。可是，古时候条件艰苦，没有冰箱，鸡鸭鱼肉等都没办法长久保存。

为了解决这个头疼的问题，有一天，有个聪明人想出了好办法。对于蔬菜，可以使其风干；对于肉类，腌制存放就好啦，又好吃，又能放，两全其美呢。

结语

关于雪的诗句中，这一首非常有名：

千山鸟飞绝，万径人踪灭。

孤舟蓑笠翁，独钓寒江雪。

这就是唐代柳宗元的《江雪》，天地冷寂得让人窒息。

可我分明还听到另一种声音，有俗话说“冬雪是个宝”，那是农家人的雪，农家人的希望。

是的，那是孕育生机的雪，紧贴地气的雪。

冬至

时间：公历12月21日至23日之间。

寓意：阴极之至，阳气始生，日南至，日短之至，日影长之至，故曰“冬至”。

●来历

冬至，是二十四节气中最先被制订的一个节气。此时，太阳运行到的位置是黄经270°。

这一天的确神奇。这一天，我国所在的北半球白昼全年最短、黑夜全年最长，而打这天起，白天将会一点一点地缓慢地延长，有俗语为证：吃了冬至面，一天长一线。这一天，被古人认为是阳气开始兴作渐强的吉日，有《汉书》为证：冬至阳气起。这一天，开始进入了传统的寒冷时间段——数九隆冬，有谚语为证：冬至交九。

脍炙人口的“九九歌”，其主流唱法是这样：一九、二九不出手，三九、四九冰上走，五九、六九沿河看柳，七九河开，八九燕来，九九加一九耕牛遍地走。

说得很明白啦，从冬至作为初九第一天算起，九九八十一天后，冬天就到了尽头喽！

有如此之多的特征，冬至自然在二十四节气中的地位不比寻常。渐渐地，冬至不仅是一个重要的节气，也成了一个重要的节日，连名字也变得五花八门起来。

因为独特的重要性，冬至又称“冬节”；因为这一天的漫漫长夜，被称作“长至节”；因为是仅次于新年的重要节日，习俗众多，被称为“亚岁”；因为日期不固定，与清明一样，也被称为“活节”；还因为冬至时有“一阳生”之象，又被称为“一阳节”。另外还有喜冬、秤冬、贺冬、肥冬、如正、消寒节、小年，等等小名，伸出一只手，是数也数不过来喽！

古籍《月令七十二候集解》中如此解释冬至：十一月中，终藏之气，至此而极也。《通纬·孝经援神契》中的意思相似：大雪后十五日，斗指子，为冬至。十一月中（夏历／农历），阴极而阳始至，日南至，渐长至也。

麋鹿

彩色版画。麋鹿，头像马、角像鹿、颈像骆驼、尾像驴，因此又称“四不像”，是世界珍稀动物。麋鹿原产于中国长江中下游沼泽地带，喜欢成群活动，以嫩草和水生植物为食，善游泳。

如此看来，冬至，亦有着一年之始的深意，有俗话说得好，“冬至大如年”。

冬至的三候是：一候蚯蚓结，二候麋角解，三候水泉动。

人们传说蚯蚓是阳伸阴曲的动物，此时虽然阳气萌发，但阴气依然极重。所以，蚯蚓在土中仍然呈蜷缩状，相互间如绳子一样纠缠在一起，伸不直腰呢！二候时，麋角开始退落。这是因为麋的形体虽比鹿大许多，却因角是向后长的，故与鹿阴阳相反，属阴。到了冬至，麋感受到了阴气的衰退而解角。到了三候，山泉也因感受到阳气而温热地流动起来。

冬至时，人们忙着过节之余，也不会忘了农事。当然，此时的农事还是积肥、防冻、深耕、防治虫害那些老套路，此外，需要为人畜的安全过冬费点心思啦。

●风俗

气象测量

古代人通过勤劳与智慧测出冬至日，这仅仅是个开端。他们还要通过在冬至日的观测，来预判天气现象。

汉代时，已开始通过“晷（guǐ）进则水，晷退则旱”的标准判断来年是涝还是旱。百姓们也没闲着，他们在这一天会竖起八尺高的表木来测算。

有工具可以测，没有工具呢，也要测。这同“有困难要上，没有困难也要上”的道理是一样一样的，古人的探索精神真是可嘉啊！

冬至这天，观察日出日落时的云气变化，还可以预知春节天气之好坏。浙江谚话说得好，“晴冬至烂年边，邋遢冬至晴过年”。意思是说，如果冬至时是晴天，那春节时可要遭殃喽，湿雪会弄得道路泥泞不堪；如果冬至时天气不好，那春节时就是阳光明媚的大晴天了。

冬至节

庆贺冬至到来，一直是古代的一件大事。先看看宫廷活动。

在周代，冬至是二十四节气的起点，所在的农历十一月，可是被当作新年正月来对待的！冬至那时的身份，是岁首哟。

《周礼·春官》记载：以冬日至，致天神人鬼。由此可见，从周代起每逢冬至，就有国家级的祭祀活动了。按天圆地方之理，冬至日是要祭天的。其目的嘛，当然是为了消除国内的疫情和疾病，减少灾荒。

到了汉代，冬至逐渐成为国家的法定假日。到汉武帝时期，才将冬至与正月分开，"冬至节"的叫法才正式成立。随之衍生出的庆祝活动，既排场隆重，又风光无限，连皇帝都要亲自出马。

司马迁所著的《史记·封禅书》中写道：冬至日，礼天于南郊，迎长日之至。《史记·孝武本纪》中有：其后二岁，十一月甲子朔旦冬至，推历者以本统。天子亲至泰山，以十一月甲子朔旦冬至日祠上帝明堂，每修封禅。

看看，南郊祭天不过瘾了，还得专程去泰山，真够皇上忙的。

百官们如何呢？《后汉书》中也有专门的记载：冬至前后，君子安身静体，百官绝事，不听政，择吉辰而后省事。就是说，冬至时节，不仅军队休整，边塞闭关，百官们也累了，也该休个假，好好放松下身心啦！但是又有记载说了：冬至日，缙绅拜阙，士人拜师长，子孙拜祖父，曰"贺冬"。

看看，说是放假，其实百官们也闲不着。

除了陪皇上东跑西颠地祭祀外，大臣们还得抽时间互相串门子“拜冬”呢。同事、朋友们互拜，晚辈要拜爷爷，士大夫们呢，要拜贺师尊。最重要的，是冬至第二天还要进宫给皇上道喜呢。

实际上，当国力强盛时，不仅是自家的百官，就连外国的使节，也得按华夏的礼节拎着礼物进宫看望皇上。其盛大程度仅次于真正的新年。南北朝时期的沈约所著的《宋书》就有这样的记载：魏晋冬至日，受万国及百僚朝贺，因小会，其仪礼亚于岁朝。

然后，还要举行献袜履之仪，表示“迎福践长”之意。大名鼎鼎的才子曹植，就曾又献鞋又献袜子的。他还把这事儿写到了《冬至献袜颂表》里：千载昌期，一阳嘉节，四方交泰，万物昭苏。

唐宋时期，对冬至的重视程度仍然和岁首极为接近。“十一月冬至。京师最重此节。”宋朝以后，皇帝们兴致更高了，接受百官朝贺的规矩和派头更大了。干脆在冬至这天专门制定出特殊的仪卫兵仗，名叫“挂冬仗”。

明清时的情景，我们就用不着光凭想象啦，北京的天坛，每年冬至时干的就是祭天的活儿。那热闹劲儿、隆重劲儿，都非比寻常。清代的《帝京岁时纪胜》中写道：长至南郊大祀，次日百官进表庆贺，为国大典。

再来看看民间。

商周以来，民间一直存在着各类祭祀活动。到了宋代，越发地热闹。南宋孟元老所著《东京梦华录》中描述了开封府冬至时民间的喜庆气氛：“虽至贫者，一年之间，积累假借，至此日更易新衣，备办饮食，享祀先祖。官放关扑，庆祝往来，一如年节。”

百姓们抛开一年的辛苦，敞开了肚子慰劳自己。俗话说，“冬肥年瘦”，指的就是这时候百姓们吃好东西已经撑得五饱六饱，到了正儿八经的春节时，反倒吃得不如冬至时滋润啦。

关于过节亲朋送礼这件事，《清嘉录》中还有一首有趣的诗：

冬至家家讲物仪，近来送去费心机。

胸前尽收浑闲事，原物多时却再归。

互相送来送去的，说不定啥时候，这礼物又会转回到自己身边呢！

食俗

冬至吃饺子，是最常见的事儿。这个习俗主要流行于广大的北方地区。

这一天，不论贫富，家家户户都要喜气洋洋地吃上一顿饺子。对河南人来说，吃饺子不叫“吃饺子”，有好玩儿的名称，叫吃“捏冻耳朵”或“安耳朵”。有人觉得，如果冬至这天不吃饺子，可能会被冻掉耳朵哟！

北京地区呢，不仅吃饺子，还流行“冬至馄饨夏至面”的习俗。据说最初的缘由是希望能平息战乱，祈盼太平。

在北方地区，还流行冬至吃狗肉，很简单，大补嘛！与其类似的是，在山东枣庄和四川等地，到了冬至这天，要美美地喝上一碗羊肉汤才行。驱寒滋补最管用啦，喝上一口，直暖到心底啊。

六朝古都南京，冬至这天要吃小葱烧豆腐。腌菜吃得有点儿单调了，正好换换口味，从冬至吃起，一直吃到九九结束。而且，他们还要热热闹闹地过豆腐节呢。在离南京不远处的江南水乡一带，流行冬至吃赤豆糯米饭。陕西地区，则流行冬至吃红豆粥。叫法不同，吃法近似，寓意也差不厘，同为驱鬼防疫。

台湾地区的冬至节节日食品，也用糯米制成，叫“糯糕”。时至今日，糯糕仍是台湾地区冬至祭祖时的重要供品。

此外，浙江台州地区冬至时要吃“擂圆”，又叫“冬至圆”。嘉兴地区要吃“桂圆烧蛋”。江西一带要吃著名小吃“麻糍”。姑苏地区要在冬至夜喝自酿的冬酿米酒，加入桂花，配上卤肉，那种味道，真是让人醉了。

当然，南方地区最有名的冬至食品，是汤圆。尤其是广东潮汕一带，冬至这天游子们都要赶回家过节，敬拜祖宗。吃上一口汤圆，享受久别后的团圆。

养生

上面这些好吃的，不仅是时下的美食，还都有养生的成分在里面。因为有句话说得好，药补不如食补。冬至是养生的大好良机，因为阴阳交汇，“气始于冬至”。

很多人选择从冬至开始进补，经科学研究表明，中年人在冬至合理进补，的确有延年益寿的妙处。

有种说法叫“冬至吃萝卜，赛过小人参”，这时候吃萝卜的好处不用再多提了吧？不仅有食用价值，还有药用价值呢。萝卜可以用来抗癌、降压、止咳，都是宝啊。

另外，冬至可以多吃些坚果，如核桃、栗子、杏仁、花生，不仅当零嘴儿磨牙了，还可以强心健体呢！

汉高祖

选自《古今君臣图鉴》，明代潘峦编绘，明万历十二年益藩阴刻本。刘邦，字季（一说原名季），沛郡丰邑中阳里（今江苏丰县）人，西汉开国皇帝。刘邦是出身平民，秦末时担任泗水亭长，后于沛地起兵反秦，称“沛公”。公元前207年，他率军入秦都咸阳，秦亡后被项羽封为汉王。后在楚汉战争中打败项羽，建立西汉王朝。公元前195年，刘邦驾崩，享年六十二岁，葬于陕西长陵，庙号“太祖”，谥号“高皇帝”，史称汉高祖、太祖高皇帝或汉高帝。

传说

冬至时的传说很多，特别是关于吃的。没办法，谁让冬至的美食那么多，那么好吃呢！一边吃，一边听故事，多有趣啊！

喝羊肉汤的习俗据说来自于汉代。相传，汉高祖刘邦在冬至这天，与亲信将领樊哙吃了顿饭。这顿饭很特别，为什么呢？因为煮的是狗肉。

刘邦一尝，味道真是鲜美无比啊！这其实不奇怪，樊哙以前就是个杀狗的屠夫嘛。做出来的狗肉的确不同凡响。

打这儿起，由于刘邦的赞不绝口，冬至吃狗肉就悄悄地流行起来啦。

老北京吃馄饨，相传是因为该地临近匈奴地界，常受侵扰。当时匈奴部落中的两个头目，一个是浑氏，另一个是屯氏。这两人品性残暴，作恶多端，不得安宁的边疆百姓对其可谓恨之入骨。为了表达对仇敌的诅咒，百姓们便在做饭时，将肉馅包成角，并取“浑”“屯”的谐音“馄饨”，一边吃，一边期盼着太平日子早日到来。

南京吃小葱烧豆腐，据说与明朝著名的智士刘伯温有关。

刘伯温因杀掉贪污建筑皇城经费的贪官，而得罪了小人。这些人倒打一耙，反而诬陷刘伯温贪污公款。朱元璋听信谣言，起了疑心，要查刘伯温的账，期限是三天。

可刘伯温不仅不急着交差，反而整天悠闲地到郊外欣赏冬日雪景。朱元璋听后大怒，下令召见刘伯温。

可一见面，朱元璋却好生奇怪，刘伯温一手拎着账本，另一只手却拿着个瓦罐。朱元璋抢过瓦罐，打开一看，里面是清香扑

刘基

选自清代《晚笑堂竹庄画传》，上官周撰绘。刘基，字伯温，青田县南田乡（今浙江省文成县）人，又称“刘青田”“刘诚意”。刘伯温自幼聪慧过人，敏而好学，二十一岁时高中明经科进士。他通经史、晓天文、精兵法，在政治、军事、天文、地理、文学等方面有很深的造诣。早年仕途不顺，后辅佐朱元璋成就帝业，开创明朝。朱元璋称其为“吾之子房也”，后世将他与诸葛亮相提并论。

鼻的小葱烧豆腐。

朱元璋恍然大悟。刘伯温这是用小葱与豆腐暗喻自己清清白白啊！后来他查明了真相，惩办了造谣滋事的小人，对刘伯温也更加信任。

从此，这道菜同刘伯温的故事一起流传开来。吃菜时，一定要想一想，要做清清白白的人哟。

江南吃赤豆糯米饭来驱鬼，也有个故事。

从前当地有个叫共工氏的人，他有个不成器的儿子。这个不肖子平时就喜欢坑蒙拐骗，欺压良善。大家恨他恨得牙根直痒痒。

终于，这家伙在冬至这天死掉了。可阴魂不散的是，他变成了疫鬼，继续为非作歹。人们绞尽脑汁与他周旋，终于发现了这家伙的命门，他害怕赤豆！

于是，冬至时吃赤豆米饭，就顺理成章啦！

最后，当然要说说吃饺子，也就是吃“捏冻耳朵”的由来了，这个冬至日最常见的食俗，有什么样的轶闻遗事呢？原来，这与大名鼎鼎的医圣张仲景有关。

这位东汉末年的南阳医圣，非常关心百姓的疾苦。到了寒风刺骨的冬季，他的内心开始不安起来：父老乡亲们的日子过得怎样呢？于是，他信步于南阳白河两岸，沿途的所见所闻令他伤心不已。穷苦的百姓四处可见，他们衣不蔽体，在寒风中冻得瑟瑟发抖，有许多人连耳朵都冻烂了。

怀着济世之心的张仲景，岂能对此坐视不理？他思来想去，想出了一个利用自己医术的好办法。打定主意后，他急忙找来随身弟子，让他赶到南阳关东，在那里搭起医棚，做“驱寒矫耳汤”！

弟子按他的法子，找来辣椒、羊肉，还有一些驱寒药材，放到锅里一同煮熟后捞出。然后剁碎，再用面皮包起来，做成耳朵的形状，扔进锅里继续煮。

很快，“药物”做好了。弟子依张仲景的吩咐，把“药物”分发给耳朵被冻坏了的百姓吃。百姓们尝过后，齐声夸这药可真好吃！

疗效呢？说来真是神奇！吃药后不久，乡亲们的耳朵全都好了！

百姓们欢天喜地，纷纷前来打听这“驱寒矫耳汤”的做法。然后高高兴兴地回家做着吃，并亲切而形象地称呼为“捏冻耳朵”。

一传十，十传百。后来，每逢冬至日人们便形成“捏冻耳朵”的习俗。

不知从何时起，人们开始称它为“饺子”，也有叫“扁食”和“烫面饺”的，大家都相信，吃了冬至的饺子就不会挨冻啦。

结语

唐代杜甫曾有诗云：天时人事日相催，冬至阳生春又来。

寒冷的冬至，最长一夜的冬至，在古时竟如此重要，如此铺张，如此喜庆。只因古人们豁达地看清了事物的本质，阴极而阳盛，再冷，还能冷到哪儿去？

即如此，那就让我们满怀乐观与自信，走进下一个节气，也是一年中最冷的时节吧。

小寒

时间：公历1月5日至7日之间。

寓意：冷气积久而寒，小者，未至极也。

● 来历

当太阳来到黄经285°时，我们遇到了寒冷的小寒节气。

《月令七十二候集解》中写道：月初寒尚小……月半则大矣。从表面上，我们可以这么理解。生活在黄河流域的先人们对小寒的定义是：此时天冷，但还未达到极致，所以称为“小寒”，小寒之后的大寒节气最冷。

但是，问题来了，俗话说：冷在三九。从冬至往后推十八天的三九天，是数九隆冬中现在公认的最冷时分，而它恰恰一天不差地落在了小寒之中。

小寒和大寒，到底谁最冷？

古时的黄河流域，可能大寒真的要比小寒冷。“四九夜眠如露宿”的四九天，就在大寒之内。俗语说，“三九四九冰上走”，四九天同样冷得可怕嘛。从科学角度讲，最强的那一股冷空气落在哪个时间段，哪个时间段就最冷。有数据统计，现在小寒最冷的年份要多些，但大寒最冷的年份也不是没有。

与小寒十分接近的“腊八节”，就有相关的谚语：“腊七腊八，冻裂脚丫”。其实，没必要这么较真，“小寒大寒，冻成一团”。到了这时候，穿什么最暖和，就赶紧结结实实地穿吧。

小寒的三候是：一候雁北乡，二候鹊始巢，三候雉始雊（gòu）。

喜鹊

齐白石绘。喜鹊被认为是一种吉祥的鸟，它可以带来好运，常出现在中国的诗歌中。传说中，牛郎和织女相会的鹊桥就是由喜鹊搭成的。

飞到南方的大雁，还真是喜欢见异思迁。对阴阳极为敏感的它们，因为感觉到阳气萌发，又开始向北挪了挪窝。北方的喜鹊们，已开始忙碌着筑巢啦，而且巢门冲南开，以躲避呼号的北风。在春天未来之前，这让凋零的北方开始出现一丝喜庆的气息。雊指鸣叫，到了三候，已经快接近四九了，不甘寂寞的山鸡们，开始了欢快的鸣叫了。

古时的二十四花信风候，实际上是从小寒开始的。小寒时的花信风候是：一候梅花，二候山茶，三候水仙。

一身傲骨的梅花，终于在一候时迎着寒风瑞雪怒放了。有时间的话，真的要去赏一赏呢。到二候时，山茶花可就开得漫山遍野了，也值得一看哦！三候时的水仙花，则让人隐隐闻到了春天的气息。

小寒的天气，同样有气象预报之功效。

湖南地区有农谚，“小寒大寒不下雪，小暑大暑田开裂”。山东地区则有谚语，“小寒若是云雾天，来春定是干旱年”。

小寒时期，北方天寒地冻，处在农闲期。忙了一年的农家人正在歇冬，准备过年。南方则要做好小麦啦、油菜啦，等等这些作物的追施冬肥工作。

对于南方来说，雪是稀罕之物。可土地仍需要防冻，怎么办？人工覆盖呗。

当然，覆盖上的不是人工降雪，而是稀粪水与草木灰。不要小看它们哟，当强冷空气或寒潮不期而至时，这样做真的可以保护油菜不被冻坏呢。

躲在大棚里生长的蔬菜，也不要以为躲在大棚里就万事大吉了。薄薄的大棚，也只是单衣而已，到了小寒时，必须得多穿点才行，棚外要覆盖上草帘啊。

家里有大牛、大马等大牲畜的，还要做好对它们的保暖。如果出现大牲畜们找脏水喝、舔墙根等现象，看似有趣，实际上这是报警信号啊！一定要在它们饮用的温水中加些盐才行，因为它们体内的盐因天冷流失得太多啦！

● 风俗

食俗

古都南京，旧时对小寒节气非常重视，小寒吃菜饭就是最直接的体现。

菜饭的内容花样很多，但正宗的南京菜饭，里面要放上许多南京的特产。如矮脚黄、香肠、板鸭，凑到一起才真正具有老南京的味道。

地道的南京菜饭大体如下：矮脚黄青菜与咸肉片、香肠片或是板鸭丁为主菜，再剁上一些生姜片作佐料，与糯米掺在一起煮。开锅后，果然鲜香可口啊！其诱人程度，甚至可与大家熟悉的腊八粥相媲美。

很注意食疗的广东，流行在小寒早上吃糯米饭。

说是饭，其实内容很丰富啦。将腊肉与腊肠切碎后炒熟，放到糯米与香米混搭的饭中，再拌进一些调味的碎葱白、炒熟的花生米，一碗热气腾腾、香味扑鼻的糯米饭就端到面前喽！其中的关键是：这糯米的浓度可很有讲究，为避免太糯，糯米的比例要占60%，香米占40%。

天津地区，旧时则有小寒吃黄芽菜的习惯，这在《津门杂记》中有明文记载。

现代人生活好，冬天可选择的蔬菜种类也多，可从前的北方，冬日一片萧条，上哪儿找那么多蔬菜吃呢？

这时候，属于天津特产，由白菜芽制成的黄芽菜，便于冬至后隆重地登场啦！

九九消寒图

据说，早年黄河流域的农家在歇冬之时，便想出一个既求消寒，又陶冶性情的消遣之法。每逢小寒，家家户户都早早地挂上“九九消寒图”。

九九消寒图，实际是一幅用来描红的繁体书法作品，共九个字“亭前垂柳珍重待春凰”。这九个字可不是随随便便就选的，不仅读来上口，更重要的是，每个字的笔画都是九划，共九九八十一划。

那么好了，有趣儿的玩法就来了。从作为数九第一天的冬至开始，每天按顺序描上一个笔画，直到九九之后才能宣告大功告成。这时隆冬终逝，春暖人间。

小寒节气呢，正值三九的天寒地冻时节，对磨砺描红人的心性大有好处，是“画图数九”这一民俗的关键时期啊。

腊八节

到了小寒时节，离年越来越近，年味儿也越来越浓。农历的“腊八”，就与小寒节气十分接近。

腊八，是古时祭祖、祭神和祈求福分的重要日子。相传，这一天在佛教中还是佛祖释迦牟尼的成道日，称为“法宝节”。

岁终之月为何称“腊”呢？有好几种说法。

其一，腊者，“接”也。腊月，有“辞旧迎新”之意。其二，腊同猎，祭祀当然得用好多兽肉，既然是兽肉嘛，自然得去打猎喽！其三，腊还有“逐疫迎春”之意。

提起过腊八节，就会让人不由自主地想起腊八粥。

早在宋代，腊八这天一到，无论是官府还是民间，都不约而同地忙着做腊八粥喝。但实际上，与众多从朝廷传到民间的习俗相反，喝腊八粥是从民间开始的。到了年底，穷苦百姓们没有吃的，便用扫帚将锅盖和米缸沿边残余的米粒收集起来，煮成粥喝。后来一传十，十传百，最后竟连吃喝不愁的官府也跟着弄起粥来，还吃得津津有味呢！

腊八节，是很亲民，很接地气一个节日。

养生

俗语说，“三九补一冬，来年无病痛”。俗语又说了，“寒为阴邪，易伤阳气”。小寒养生的重要性太明显啦！

人的阳气根源于肾，所以小寒养肾，是首当其冲的保健之法。及时进补，当然会让养肾效果立竿见影。羊肉、牛肉、芝麻、核桃、杏仁、瓜子、花生、葡萄干，等等，都是可以多吃的好东西呀。但是，一定要弄好阴阳之分，大家经常听到的所谓肾阳虚、肾阴虚，进补之法就大相径庭哟。

当然喽，还需小心保护好肠胃才行。好东西再好，吃多了对胃来说，也是个负担。

食疗可以补肾，运动同样可以舒筋活血，有养肝强肾之效。俗话说，“冬天动一动，少闹一场病。冬到懒一懒，多喝药一碗”。还有一句话，大家听着一定更不陌生，“冬练三九”。

寒冬，同样是锻炼身体的好时节。打拳、舞剑、各种冰雪运动，加上最酷的冬泳，冬天的运动同样丰富多彩。但一定要先做好热身，并做好保暖工作，当心感冒。

如果方法得当，冬天还可以尝试下减肥呢。

另外，中医有“血遇寒则凝”之说，对于心血管病人来说，在冬天最冷之时要格外小心保暖。

传说

每年的腊八，一边有滋有味地品尝着腊八粥的同时，是否想起一些它的传说？各地关于腊八来历的传说，多种多样，动人得很呢。

既是法宝节，那就先从佛祖说起吧。

释迦牟尼本是一国王子，生活富庶无忧。但众生生老病死的痛苦与艰难，却深深地触动了他心底的慈悲。后来，他做出了一个看似不可思议的决定：舍弃王位，出家修行。

从起初的迷茫，到后来每天仅食一麻一米的六年苦修，他心底的佛性开始觉悟。

终于，在腊月初八这天，在菩提树下，他悟到了大自在，成了佛。后人为了纪念他悟道前所受的苦难，在每年腊八这天吃粥以表达敬意。

接下来，明朝开国皇帝朱元璋又要出场了。他落魄时饱经风霜的经历，成为皇帝后的怀旧与话语权，使他成为许多节日起源的重要素材。

寒冷的冬日，朱元璋在行乞路上无端受苦。他又冷又饿，哪怕出现只老鼠，他都会饥不择食地抓住吃掉。

对了，老鼠洞！说干就干，肚子咕咕叫的痛苦，让朱元璋竟然一口气将老鼠洞刨了个底朝天！别说，里面红豆、红枣、大米，五谷杂粮还挺全。朱元璋赶紧将它们放在一起熬成粥，用一只破碗盛起，抱着就喝。真香啊！

后来他得了天下，回想起这段经历，感慨不已。他仔细回忆了下，那天是腊月初八。于是他下令，将那一天定为“腊八节”，至于那碗粥，就叫“腊八粥”吧。

在有的地方，腊八节与秦始皇有关。

修长城对百姓来说，可谓苦难至极。民工们背井离乡、挨累受饿，长年为长城搬砖添土。眼看着天寒地冻，补给供应不上，有不少人没能挺过去，永远地倒了下去。

腊月初八这天，粮食越来越少，人们的眼神中开始传递着绝望。他们把仅存的几把残米凑到一起，熬成稀粥，大家分着喝了几口。可是，这又能怎样呢？他们最后都饿死在了长城脚下。为了悼念这些可怜的民工，后世在每年腊八这天，形成了喝腊八粥的传统。

上面这个传说太过悲伤，换一个欢快的吧。

岳家军的赫赫威名，大家一定都知道。这不，某一年的腊月初八，岳家军正在岳飞的率领下，于朱仙镇与金兵对峙。

岳家军作战勇猛，以一敌十。但此刻的他们，因天气而缺乏后勤供给。士兵们虽斗志高昂，却要忍受寒冷与饥饿。

当地的百姓得知消息，这哪儿成啊！这些可爱的抗敌战士，就是自己的亲人啊！虽然百姓们也是一贫如洗，但他们仍自发地组织起来，源源不断地为岳家军送粥喝。别小看这粥，那可是百姓们自己都舍不得吃的哟！

有了百姓的粥，更重要的是，有了后方百姓那一张张真挚的面容，岳家军倍受鼓舞。他们势不可挡，一鼓作气，大破金军！

后来，人们为了表达对岳飞的敬爱，便在腊八这天以杂粮煮粥，渐成风俗。

驱除仇敌保平安，使腊八粥有了一层特别的意义。有些地区喝腊八粥同冬至时一样，是为了驱除疫鬼。传说五帝之一颛顼氏的儿子，死后就变成恶鬼来吓唬世人。

按“赤豆打鬼”之法，腊八粥中的红小豆、赤小豆，都是驱鬼的宝物啊。

以上这些故事，都与大人物有关。最后这个传说，我们回归平凡。

这是一户普通得不能再普通的人家。家中的老两口为人纯朴，辛劳持家，攒下了一笔足以糊口的家业。这本该是个幸福之家，可这样的家庭很容易出现一种现象：上一代辛苦，下一代败家。

果然，老两口的儿子从小没有吃苦的经历，并不珍惜父母的操劳。长大娶妻后，儿媳也不善持家，老两口相继去世后，小两口坐吃山空，家业很快就被败光了。

岳鄂王

选自《古今君臣图鉴》，明代潘峦编绘，明万历十二年益藩阴刻本。岳飞，字鹏举，河北西路相州汤阴（今河南省安阳市汤阴县）人，南宋时期著名抗金英雄。岳飞天生神力，拜师于弓术名家周同，能开三百斤（今九十六公斤）之弓，八石（今二百三十七公斤）之弩，且能左右开弓。

到了这年腊月初八，家里穷徒四壁，快要揭不开锅了。小两口你看看我，我看看你，大眼瞪小眼，饿得快要上不来气。村中有邻人发现他们的惨景，因着当年善良老两口的人缘，有人将大米、豆子、蔬菜等混杂在一起，煮了粥来接济小两口。

小两口感动得热泪盈眶，同时又羞愧难当。他们决心痛改前非，活出个样儿来，安抚老两口的在天之灵。从此，他们走上正道，日子开始一天天好转起来。

这个质朴的故事告诉我们，喝腊八粥的时候，一定得想着好好过日子，千万不要连粥都喝不上啊。

结语

宋人王之道有诗句：曈曚半弄阴晴日，栗烈初迎小大寒。接下来两句是：溪水断流寒冻合，野田飞烧晓霜乾。

一派萧条景象。小寒，的确寒气逼人。不过，是否还有另一种情绪?

日暮苍山远，天寒白屋贫。

唐人刘长卿的前两句诗，同样将冬日的严寒描述得形象逼真。但是当我们踩着先人的足印，来到小寒时，却发现先人们已经运用智慧，将小寒的日子梳理得滋润而贴心。到此，我们的心底又不由地生出许多温暖。

柴门闻犬吠，风雪夜归人。

你看，这后两句不经意间，还是让人看到了唐人更加开阔的生命格局。是啊，让我们舒适地休息一下吧，再走近二十四节气中的最后一个：大寒。

大寒

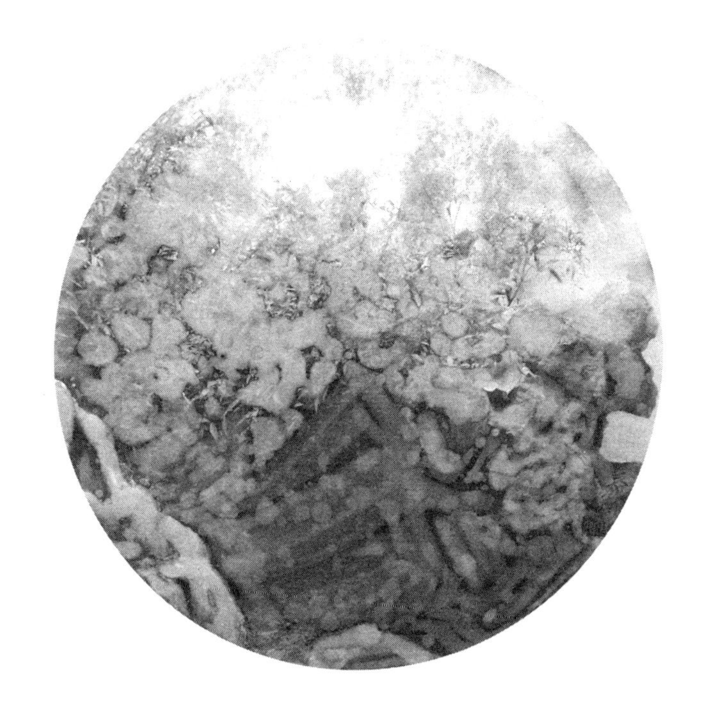

时间：公历1月20或21日。

寓意：寒气之逆极，故谓“大寒”。

●来历

这是二十四节气中的最后一个，太阳在黄道上的位置经过一路奔波，运行到了300°。但是，它不能停歇，马上要进入下一个轮回。

古籍《授时通考·天时》引用《三礼义宗》的话：大寒为中者，上形于小寒，故谓之大。从字面上讲，大寒，当然是冷到极致之时。

大寒与小寒谁更冷的问题，小寒节气中我们已经解释过，这里不再多说。我们只需知道这时节北方天地间依然一派冰天雪地、寒风刺骨，把人冻得“街上走走，金钱丢手”就可以了。

大寒时期的雨水量非常稀少，寒潮南下频繁，易产生大风降温以及雪灾等极端天气。大寒的气候，也是许多地区预测来年雨水情况、对农事有何影响的重要依据。福建有“大寒不寒，人马不安”；贵州有“大雪白雪定丰年”；广西地区呢，则有“大寒天若雨，正二三月雨水多”。

大寒时，畜牧地区要加强防寒保暖工作，北方农闲期搞点积肥堆肥就可以。南方呢，仍需加强冬小麦等作物的田间管理，适时浇灌。

大寒的三候是：一候鸡乳，二候征鸟厉疾，三候水泽腹坚。

其意是说，一候时鸡妈妈便可以孵小鸡，生育下一代了。二候时，老鹰之类性情凶猛的征鸟，体内需要大量的热量来度过寒冬，它们变得精神抖擞、目光炯炯，在空中四处盘旋寻找猎食目标。三候的最后几天，河中的冰完全冻结实，连水中央都是厚厚的冰层，这里已经完全成了孩子们溜冰嬉戏的天堂。

大寒时的花信风候为：一候瑞香，二候兰花，三候山矾。

一候时，号称世界园艺三宝之一的瑞香花竞相开放；二候时，气质淡泊而高雅的兰花，“四君子”之一的兰花，终于开放了。你是否会想到“气如兰兮长不改，心若兰兮终不移”这样散发着幽兰清香的诗句？三候时，具有药用和工业价值的山矾花也不甘示弱地开放，还真是美不胜收啊！

● 风俗

打田鼠

在广东岭南地区，到了大寒，人们会自发地组织起来，联合捉田鼠。玩过打地鼠游戏的朋友一定乐了，拿铁锹使劲拍呗！

真正的打田鼠，看似好玩儿，实际可不光是为了玩儿。

这时农作物基本上收割完毕，平时隐藏在作物当中的田鼠窝，这下子没法子躲了，大多显露出来。爱偷吃粮食的田鼠们，可要倒大霉喽！

大寒，是该地区大批量消灭田鼠的最佳时机。

尾牙祭

打牙祭，大家一定都听说过。谁要是想为你打牙祭，那你就准备美餐一顿吧！尾牙祭，同样与吃有关，它起源于拜土地公做“牙”的习俗。

既有尾牙，就有头牙。头牙就是大家熟知的农历二月二，以后每逢农历初二和十六，就要有相应的做“牙”。到了腊月十六这天，正是一年当中最后一次做“牙”的机会，故称“尾牙”。尾牙这天与二月二一样，同样可以吃春饼。

对于生意人来说，尾牙这天可是要过得相当隆重的。古时候，他是要请店员、徒弟、匠师们客的！

但这客可不是随便请的。宴席上最重要的一道菜，是白斩鸡。这道菜不仅吃得有来头，连怎么摆放都大有讲究哩！原来，鸡头冲着谁，就意味着谁来年要被解雇啦！

参加宴席的店员，是不是有种鸿门宴的感觉？有鉴于此，现在许多老板都将鸡头冲着自己。这下，员工可以放心地吃顿消停饭，过个消停年喽。

祭灶

俗话说得好，小寒大寒，杀猪过年。到了大寒，通常距年关越来越近，这年味儿，也是越来越浓啦！

人们已经开始着手准备过年了。除旧布新，购买年货，腌制年菜，人们忙得不可开交。整个大寒期间，人们都笼罩在一派喜庆的节日气氛中。

腊月二十三，人们习惯中将它称作“小年”。很多时候，

“小年”都在大寒的十五天当中。小年时，人们不仅已经听到了春节的脚步声，还要在这一天进行祭灶活动，谁让这天还是传统的祭灶节呢。

祭灶，当然祭的是管理各家各户灶火的灶王爷啦，据说灶神远在夏朝时就被人们所尊崇了。后来祭灶的仪式愈发讲究，其神龛要放在灶台的北面或东面。没有神龛的人家，也会请来一张画有灶王斧的神像，直接贴在灶墙上。

除夕

腊月三十，是农历一年的最后一天，过了这天，就是我国传统新年的最重要节日：春节。所以，人们将这辞旧迎新的时刻，称为“除夕”。有时候，腊月没有传统的大年三十儿，那么自然而然地，腊月二十九这天，就成了除夕。

除夕与大寒相重合的时候，也不少。

除夕这天，人们要贴春联、贴年画、放爆竹，挂起大红灯笼，热热闹闹地过大年！旧时还有祭祖等活动。吃完象征着团圆、吉祥、喜庆的年夜饭后，全家人都要围坐在一起守岁，整晚欢声

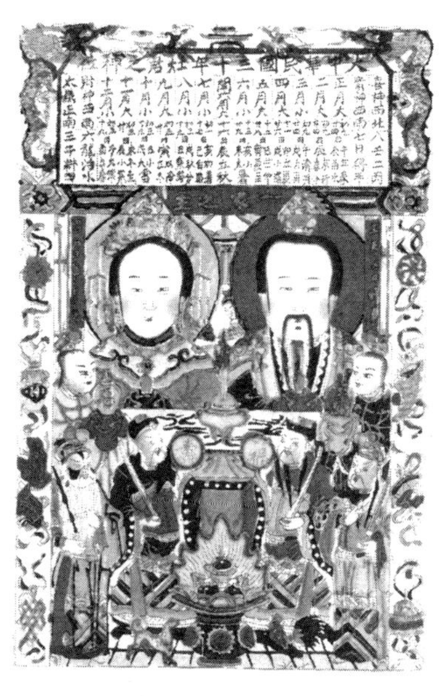

灶君之神

民国版画。

笑语，灯火通明。

到了午夜子时，当零点钟声敲响时，整个过年的气氛达到了最高潮。窗外鞭炮声与烟花此起彼伏，晚辈要给长辈行大礼拜年，而长辈呢，早就将压岁钱准备好啦！

到如今，有了电视与春晚，过年又有了新的期盼。

食俗

旧时的大寒时节，会经常看到人们在街上争相购买芝麻秸的身影。

因为俗话说得好，“芝麻开花节节高”。谁不希望讨个口彩，让自家的生活越来越美好，事业节节高升呢？不过，芝麻秸还有个用途哦，把芝麻秸洒在人们常行走的道上，让小孩子踩碎。这不只是玩乐，要的正是“踩岁”的谐音、“岁岁平安”的寓意啊。

唱秧歌

选自《清国京城市景风俗图》。

在广东佛山，人们对极具地方特色的糯米饭真是情有独钟。也难怪，糯米含糖量高，味甘而性温，吃起来又香又甜，还可以御寒滋补，谁不爱吃啊。

到了大寒节，当地民间就有用瓦锅蒸煮糯米饭的习俗。

养生

大寒天冷，养生要领是一个“藏”字。

此时需早睡晚起，休息好，不轻易发脾气，以积攒阳气。室内注意保暖的同时，也要注意通风，并多喝白开水，保持体内水分。

爱用冷水洗脸洗手的老年人，这是个增强肌体抗寒能力的好习惯啊，应该发扬下去。此外，老年人身体弱，冬季又是易发中风、流行性感冒、心血管疾病加重的时期，要提前做好预防才行。

传说

腊月二十三小年这天，为什么要祭祀灶王爷呢？这里面当然有原因喽。

传说，灶神很有来头哩！他可是玉皇大帝派到人间的，专门负责监察人们平时言行举止的善恶。每年年跟儿的腊月二十三这天，灶王爷可是要升天的，他要到玉帝那儿交差去。他禀报的情况，可是玉帝赏罚人间的最重要凭证。如果他发现了谁的恶行，或看谁不顺眼，在玉帝那里说出此人的丑态，那这位可真的是祸从天降了。

因此，灶王是千万得罪不得的，人们对他一直毕恭毕敬。

在送灶神这天，人们不仅要为灶王爷的坐骑准备好清水、料豆、秣草等，还要供奉上许多好吃的糖果才行。有趣的是，祭祀时要把糖用火融化，涂在灶王爷的嘴上。在灶神画的边缘还要写上对联，诸如“上天言好事，下界保平安”一类的话。

据说这样一来，灶王爷的嘴就变甜了，在玉帝那里也不会说人的坏话喽。

除夕夜放爆竹

选自《清国京城市景风俗图》。

灶王爷汇报完工作后，重新下界的日子是大年三十儿的晚上。俗话有，“二十三日去，初一五更来。”看来，灶王爷也喜欢凑热闹，他要来人间过年呢。

灶王爷长什么样儿？画像中的他，多是一位面容俊朗的美少年。由此古时北方因男女授受不亲，就有“男不拜月，女不祭灶”之说。

不过，有的地方是将灶王爷与灶王奶奶合祭的，这下子，就不用忌讳那么多啦。

结语

宋诗《和仲蒙夜坐》中写道：少睡始知茶效力，大寒须遣酒争豪。

极冷的大寒时节，喝一杯暖胃的酒，的确可以让人不惧寒冷、平添豪气。走过严寒，还有什么能阻挡我们对美好春天的向往？

前面，和煦的春风已经在招手，下一个轮回即将开始。

春天，就要来了！

图书在版编目（CIP）数据

《二十四节气》新编 / 邸长鹏著. —北京：作家出版社，2015.11

ISBN 978-7-5063-8573-2

Ⅰ.①二… Ⅱ.①邸… Ⅲ.①二十四节气—青少年读物 Ⅳ.①P462-49

中国版本图书馆CIP数据核字（2015）第280617号

《二十四节气》新编

作　　者：邸长鹏　著
责任编辑：张　平
出版发行：作家出版社
社　　址：北京农展馆南里10号　　邮　　编：100125
电话传真：86-10-65930756（出版发行部）
86-10-65004079（总编室）
86-10-65015116（邮购部）
E-mail:zuojia@zuojia.net.cn
http://www.haozuojia.com（作家在线）
印　　刷：三河市双峰印刷装订有限公司
成品尺寸：145×210
字　　数：200千
印　　张：8
版　　次：2016年3月第1版
印　　次：2019年4月第3次印刷
ISBN　978-7-5063-8573-2
定　　价：29.80元